MAKEUP IS ART

PROFESSIONAL TECHNIQUES FOR CREATING ORIGINAL LOOKS

化 妆 的 艺 术

打造明星级妆容的专业技法

[英] Academy of Freelance Makeup 著

周馨 译

U0248150

"将此书献给我亲爱的祖母玛维斯·肯内利（Mavis Kenneally）。
如果不是你，这一切不可能成为现实。"
——亚纳

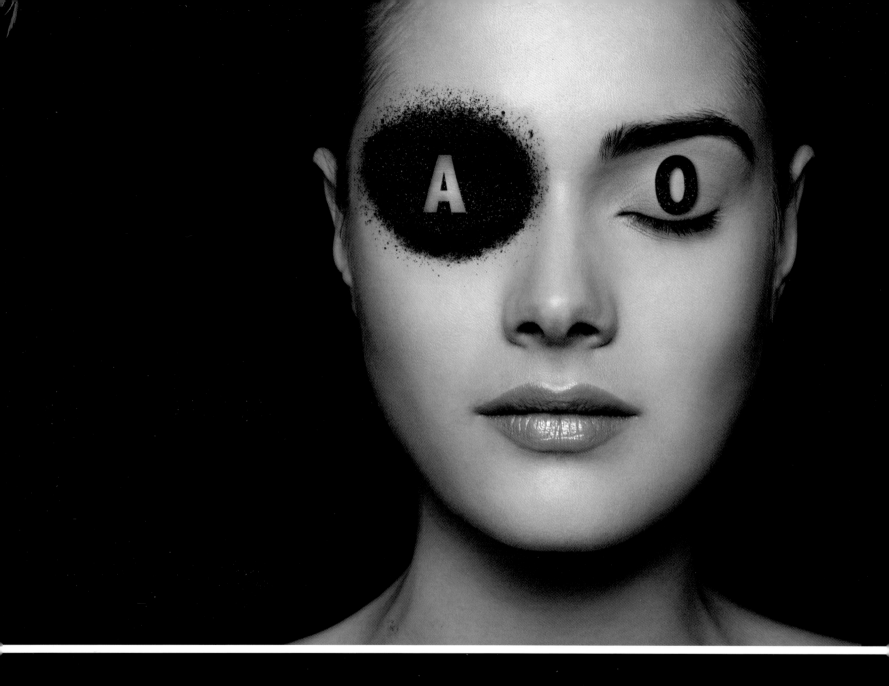

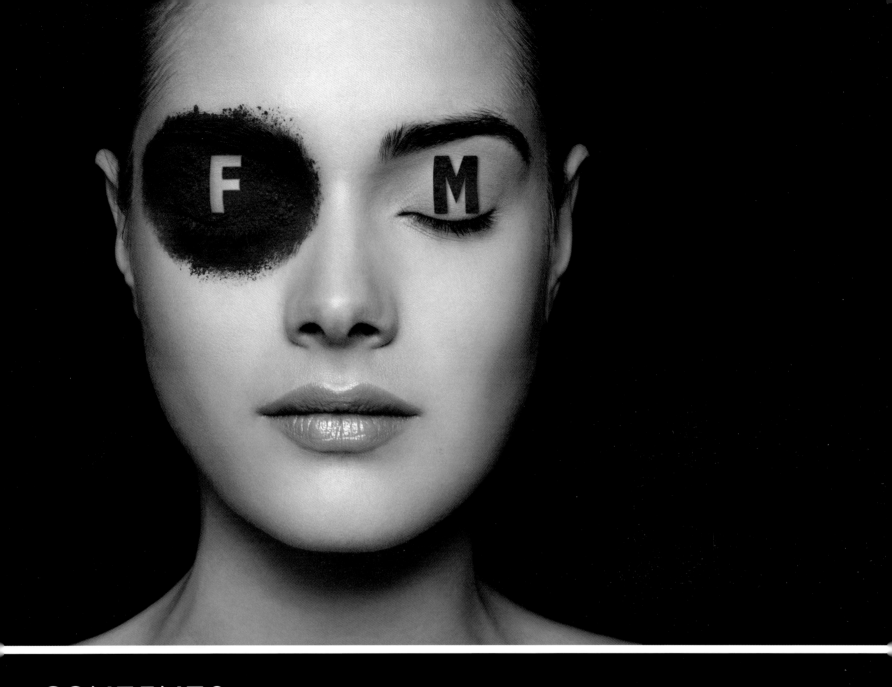

CONTENTS 目录

JANA RIRINUI

前言

亚纳·里米尼，化妆师、AOFM创始人

"我出生于新西兰一个名叫因弗卡吉尔（Invercargill）的小镇，那里距离伦敦这样的快节奏时尚大都会十分遥远。我的职业生涯开始于14岁。那一年，我开始在放学后去一家发廊里免费打杂。我的梦想就是成为一名发型师，所以我做好了准备，要为此努力工作，然后实现自己的梦想。于是，我移居澳大利亚，在那里我能获得更多的提升自己的美发技能的机会。也正是在澳大利亚，我被一家模特经纪公司选中，成了一名模特。虽然当模特曾让我一度远离自己的发型师梦想，但也让我在时尚界的视野更宽广了，并给了我在镜头前的经验。我这才意识到，化妆这门艺术才是我真正向往的。1999年，我决定移居伦敦，因为伦敦才是那个完美的地方，只有在那里，我才能将自己的美发技术和成为一名化妆师的潜能结合在一起。

我进入了伦敦一所十分有名的学校学习，但当完成所有化妆师课程之后，我却开始感到迷茫。没有人真正帮我做好准备，不管是面对前方艰难的道路，还是进入这个充满激烈竞争的行业。由于缺少专业上的指导，所以我为了自己的事业异常努力。在与摄影师一同辛苦工作和尝试之后，我终于以一名化妆师的身份站稳了脚跟。回顾过去，我抓住了每一个机会去工作——只要能为别人化妆，我就会感到十分开心。我在彩妆专柜工作过，而且在假期免费给摄影师做助理，为的只是获取更多的经验。直到后来有机会给其他化妆师做助理，我才算是真正开始了解这个行业。这所有的经历都帮助和引导我成了一名成功的化妆师。我曾与众多名流、明星合作，为一系列著名杂志拍摄照片。可是，我的热情始终都在教学上，我想帮助那些像我当初一样迷茫的人以及正在寻找灵感的化妆师。

当我和朋友及其他化妆师同事讨论创办一所学校时，我们就想，如果要创办一所学校，就必须让那些专业的、活跃于行业内的化妆师来培训学生。鉴于当时这一行的圈子如此之小并且充满竞争，可以教授学生化妆技巧及行业诀窍的最佳人选似乎只能是那些自身已经十分成功的专业化妆师了。当年的我直到开始接手工作时才得以认识和了解这个行业，所以我想确保我的学生可以在提高自己技术的同时，有机会去了解专业的工作究竟是怎样的。于是这所学校——由独立化妆师凭着对行业的热爱而创办和管理的学校便诞生了。我想做的其实就是鼓励下一代化妆师，教给他们化妆所必需的知识、技能，并帮助他了解化妆行业。我的经营理念使AOFM（The Academy of Freelance Makeup，独立化妆师培训学校）享有业内顶级学校的声望，我们的学生也成了最棒、最成功的国际独立化妆师和重要报刊的时装美容编辑。

AOFM专业团队拥有极高的天赋和概念化的创意，已经成了业内小有名气的创意团队。我们与业内其他顶级专业人士走到一起，共同完成了这本书。希望这本书可以启发化妆师、那些想进入这个激动人心的行业的人，以及喜欢美术与美妆的人。

这本书涵盖了许多富有创造力的想法以及一些我们通过自身工作经验总结出来的建议和行业内部的信息，将告诉你如何立足于这个不断变化的行业之中。本书会让你在竞争中领先一步，并带你了解化妆这门艺术的真正面貌。"

SKINCARE 护肤

作为一名化妆师，这一章将帮助你认识和了解皮肤，因为它将是你用来完成创作的画布。如果你做好了准备工作，懂得善待皮肤，那么化出的妆就会更加伏贴、持久。在这里强烈建议各位认真学习皮肤的相关知识，并且对皮肤的了解最好能达到美容师的水准，这会帮助你更完整地理解化妆这件事。

没有必要在化妆箱里装上各种类型的护肤品，重要的是你要掌控每种皮肤类型，从而为你所用。AOFM的很多导师和化妆师都是Dermalogica的粉丝。Dermalogica是一个已经意识到皮肤重要性的品牌，而且他们的产品有利于简化化妆师的工作。除此以外，他们还为公司名单上那些幸运的化妆师提供培训服务。接下来将指导你为自己的化妆工具箱选择基础护肤产品。

在挑选护肤品时，请选择那些不会太香并且适合敏感性皮肤使用的产品。模特因为经常经历化妆和卸妆的过程，所以她们的皮肤很容易变得敏感。还有一点很重要，如果你与名流、明星一起工作，最好带上质量上乘的护肤品——这也是很多化妆师会选择Dermalogica的原因。

如果你是为进行电视节目录制、视频拍摄、婚礼或美容和时装杂志拍摄的人化妆，或是为名流、明星做造型，记得要使用一整套的产品，包括洁面产品、化妆水和润肤霜，除非你的名流客户提出使用他自己喜欢的品牌产品的要求。在直播节目或外景拍摄时，常常会为了节省时间而只使用擦拭型清洁产品和润肤霜。在秀场，如果时间允许，也会使用整套产品。但如果时间很紧，那么擦拭型清洁产品则是必备的。

摄影：凯瑟琳・哈伯
（Catherine Harbour）
化妆：兰・阮（Lan Nguyen）
（使用产品为Lancôme）
模特：卡西亚・Z（Kasia Z,
First Management模特经纪公司）

产品&准备工作

要留心干性和油性皮肤，这一点很重要。干性皮肤需要油分和滋润成分，所以如果在准备阶段使用含有这两种成分的护肤产品，就能够帮助妆容维持更长的时间。没有经过护理的干性皮肤会出现脱皮的现象，从而毁掉你的底妆。而油性皮肤则需要减少发亮和油脂分泌的产品。含有油分的护肤品、化妆品会使油性皮肤容易脱妆，并且很快出现发亮的情况，让妆容变得难以把握。

洁面

有镇静效果的洁面霜可以有效而温和地洁面，并且温和得足以用来卸除眼妆。另外，不需要水便可以清洁的产品在外景拍摄时使用会十分方便。卸妆湿巾，如MAC和Simple的产品，就可以用来代替洁面霜和化妆水，同时能够满足快速和方便的要求。在后台及拍摄现场，这些产品常被用来快速而有效地卸妆。

化妆水

请使用喷雾式化妆水。它是温和、滋润又有清爽提神功效的，且不需要在使用后擦拭掉。

眼部和唇部护理

请使用具有紧致效果且含有维生素和硅成分的护理产品。这类产品能够像妆前乳那样抚平皱纹，为敏感的眼周和唇部皮肤提供滋润效果。Lucas木瓜香膏（Pawpaw Ointment）在干燥有皲裂的嘴唇上就有很好的效果。

问题皮肤护理（可选）

某些人的皮肤可能会需要针对问题区域进行额外的护理。对于干性皮肤来说，可以在涂抹润肤霜之前使用强效保湿修护精华（Hydrating Boosters）。这种做法同样适用于唇部。对于敏感性皮肤，应当使用温和的护理产品，以减少发红的状况并镇定皮肤。熟龄和早老化的皮肤则需要使用特效紧致修护液或精华，在视觉上减少细纹、减轻皱纹。易长痘痘和有毛孔问题的皮肤则需要一款可以清洁毛孔的产品来有效减少痘痘。针对以上情况，都可以用Dermalogica强效保湿修护精华来帮你解决问题。

润肤霜

请根据皮肤类型来选择润肤霜。如果是长期的干性皮肤，请选择营养丰富的集中润肤产品。若是中性至干性皮肤，请选择一款厚度中等的润肤霜。如Dermalogic氨基酸润面霜（Skin Smoothing Cream）就很适合保湿和舒缓皮肤。如果是油性皮肤，则需要一款成分清爽的产品，以减少油光并帮助收缩毛孔。

有色面霜

一款有润色效果的面霜不仅可以滋润皮肤，同时还带有些许遮盖效果，从而达到改善肤色的作用。它很适合那些不想使用底妆产品，但又希望面霜具有一定遮盖效果的人。

美容精华液

使用精华液也被看作是护理皮肤的步骤之一。精华液通常是一种液体，与润肤产品相似，可以用来改善皮肤的不同状况，比如，干燥缺水、泛红、色素沉淀及细纹等。精华液的成分通常高度集中，能够被迅速吸收至皮肤更深层，从而增强护肤效果。那些高度集中的有益成分渗入皮肤中，会产生显著而持久的效果。每天早晚将精华液滴在指尖，轻轻按摩于脸部，直至被吸收，然后再使用润肤霜即可。你只需使用一到两滴精华液，就可以照顾到整个脸部和脖子的皮肤。如果是第一次使用精华液，你可能会即刻感受到皮肤的变化——皮肤会变得更柔软、更平滑、更紧致一些。

祛角质

皮肤一直在不断地生成新的皮肤细胞，然后将它们送至表层。当这些细胞来到皮肤表层之后，就会渐渐死去，随后被角质所充满。这些角质化的皮肤细胞很重要，因为它们可以在皮肤生成新细胞时起到保护作用。但是随着我们年龄的增长，细胞的这一运动过程开始变缓。细胞开始在皮肤表层不均匀地堆积，让皮肤看起来干燥、粗糙、暗淡。祛角质产品之所以有效，是因为它去除了堆积在皮肤表层的老细胞，让更新、更年轻的细胞能够来到表层。使用祛角质产品后，还能帮助像精华液这样昂贵的护肤产品更有效地被皮肤吸收。

因为那些用来为身体祛角质的产品过于粗糙和刺激，所以只可以使用为脸部皮肤设计的祛角质产品。好用的粉状祛角质产品与水混合后形成糊状，将其涂在脸上，可以有效去除死去的皮肤细胞，使干燥、脱皮的皮肤变得光滑。最好使用祛角质手套或合成纤维材质的洁面海绵祛角质，操作时可以按照特定的手势轻轻摩擦脸部。要避免将祛角质产品摩擦到眼部下方的皮肤，因为这里的皮肤非常薄，很容易受伤。接下来，使用温水或湿润的棉片清洁面部即可。

祛角质可能会导致皮肤过干，而这会使皮肤产生皱纹。过度祛角质可能会破坏皮肤的毛细血管。如果毛细血管遭到破坏，你的皮肤可能看起来会一直有些发红。

摄影：凯瑟琳·哈伯
化妆：兰·阮（使用产品为Lancôme）
模特：罗赞·F（Rosanne F，Premier模特经纪公司）

面膜

面膜是使皮肤更好的产品，不同类型的皮肤使用的面膜也不同。面膜可以去除皮肤上的死皮细胞，为皮肤祛角质。使用面膜加上日常的清洁，可以使毛孔保持通畅，通过刺激血液循环来去除色素沉积。当季节发生变化时，皮肤也会随之产生变化，所以你也许需要随着天气的变换使用不同的面膜产品。大部分面膜产品适合每周使用一到两次。

面膜泥

这种面膜最适合油性皮肤。面膜泥可以导出毒素和杂质，对保持皮肤的清洁很有必要。

撕拉式面膜

这种面膜专门用于轻柔地去除死皮细胞。在使用撕拉式面膜之后，皮肤会变得富有活力、容光焕发。它适用于所有类型的皮肤。

石蜡面膜

这种面膜可以为皮肤补水，让皮肤变柔软。石蜡面膜适用于所有类型的皮肤。它有助于皮肤的血液循环，从而起到提亮肤色的作用。

毛孔清洁面膜

如果你想即刻去除黑头、油脂和脏东西并缩小毛孔，请使用毛孔清洁面膜。这类产品比起那些用来清洁毛孔的洁面霜要有两倍的功效，同时它也便于收入化妆箱内，可以用来对付堵塞的毛孔和其他突发状况。这类产品拥有即时效果，一周最多使用三次。

使用面膜

请尝试每个月至少使用三次面膜。使用面膜时，我们会用到一个特殊的技巧，但大多数人并不知道这一点，他们只知道将面膜涂满整个面部。这个特殊技巧的第一点就是使用一把平而宽的刷子或一把刮勺。记住，不要使用你的手指！

1. 用一把刷子或刮勺从脸部中央部位向四周涂抹，甚至可以轻按。记住，要避开唇部和敏感的眼部周围。

2. 让面膜在脸上至少停留20分钟，除非面膜外包装上特别说明了使用时间。切忌让面膜在脸上停留的时间超过生产商的建议时间。如果面膜在脸上的时间过长，其中的个别成分或许会伤害皮肤。

3. 卸除面膜时，可以先用一些水把它弄湿，然后轻轻擦掉。记住，一次只擦一个部位。但如果是撕拉式面膜，你就必须将它撕掉。用足量的水冲洗面部之后，再重复刚才的动作，清除脸上残留的面膜。

摄影： 凯瑟琳·哈伯
化妆： 兰·阮，杰德·杭卡（Jade Hunka）
（使用产品为Lancôme）
模特： 凯瑟琳·B（左）（Kathleen B，Premier模特经纪公司），加布里埃尔·D（右）（Gabriele D，Premier模特经纪公司）

THE FACE

面部

在当今社会，一个人的外表很重要。当你为客户打造完美妆容时，皮肤、妆面、头发还有指甲都是需要注意的部分。虽然可以找到专门负责某个部位的专业人士，但对于一个化妆师来说，能够自信地掌控这些部位是很重要的。而且掌握这些技能也可以让你的工作充满多样性和乐趣。

美妆产品一直在变化。新产品诞生，现有的产品也会被改进。了解产品成分并接受专业供应商的指导很重要。如果模特的皮肤已经变得敏感或出现过敏的状况，则对产品进行测试也很有必要。这样做会从根本上节省你的时间并避免判断失误而带来的损失。

自由化的风格如今变得非常普遍，这让我们可以尝试将新产品与经典产品混搭，或通过使用你独有的技巧让美妆产品更具有优势。潮流总在被重复，但如果使用的产品不同，那么也可以打造出完全不同的造型。有太多经得起时间考验的美妆达人可以作为你的灵感来源，但有一条重要的原则你需要知道，那就是你要通过增强和凸显面部自然的特征让模特看起来更美。举例来说，只需在完美无瑕的底妆上增添一抹色彩，你就可以打造出既有趣又强烈的风格效果，同时妆效也很好。

摄影：詹森・埃尔（Jason Ell）
化妆：约瑟・巴斯（Jose Bass）（使用产品为Shu Uemura）
发型：娜塔莎・米格达尔（Natasha Mygdal）
（使用产品为Bumble & Bumble）
模特：汉娜（Hannah，Next模特经纪公司）

FACE SHAPES

脸形

椭圆形脸已不再被看作是理想的"完美"脸形了。如今,随着文化的多样化,我们已经愿意欣然地接受每个人身上的自然美了。了解自己的脸形十分重要。脸形已经不再决定你适合什么样的化妆品,而是作为指导,让你能够最大限度地凸显自己的自然美。不仅是化妆品,发型也有助于衬托脸形。

椭圆形

椭圆形脸因其完美的比例和对称度,曾一度被认为是理想的脸形,这种脸形的脸颊部分稍宽,而额头和下巴则显得稍窄。因为面部在比例上十分均衡,所以简单修容即可。如果要提供一条好的化妆建议,那就是要想办法强调和突出面部最漂亮的特征。拥有此种脸形的名人有凯莉·米洛(Kylie Minogue)。

圆形

这种脸形通常比椭圆形的更宽一些,同时拥有饱满的脸颊、较圆润或不太明显的下巴。圆脸会给人一种"娃娃脸"的感觉。圆脸的修容方法是在颧骨下方、太阳穴和下颌轮廓处增加骨感的效果。拥有此种脸形的名人有卡梅隆·迪亚兹(Cameron Diaz)。

心形/倒三角形

此种脸形的前额宽阔,下颌较窄,尖下巴。拥有明显倒三角脸形的人,其发际线的形状像桃心上两个圆形凸起一样。鉴于突出的尖下巴难以柔和,则着重强调你最漂亮的特征吧,如眼睛或脸颊,将人们的注意力从下巴转移开。拥有此种脸形的名人有瑞茜·威瑟斯彭(Reese Witherspoon)。

摄影：基思·克劳斯顿（Keith Clouston），凯瑟琳·哈伯
化妆：杰德·杭卡，乔·休格（Jo Sugar），兰·阮（使用产品为Bobbi Brown）
模特：梅林特（Melinte），娜塔莉（Natalie），
伊莲娜（Elena，Oxygen模特经纪公司），罗赞·F，
拉瑞莎·H（Larissa H），加布里埃尔·D（Premier模特经纪公司）

方形

方脸的前额、脸颊和下颌的宽度看起来都差不多。我们可以在颧骨下方和太阳穴处进行修容，从而柔和整个脸形。拥有此种脸形的名人有黛米·摩尔（Demi Moore）。

三角形

这种脸形的特征是下颌轮廓宽大，而颧骨和前额都比较窄。在颧骨下方进行修容，有助于增加脸颊的宽度。拥有此种脸形的名人有维多利亚·贝克汉姆（Victoria Beckham）。

菱形

这种脸形的前额和下颌都比较窄，颧骨显得比较宽而且高，很少或根本不需修容，只需简单地突出最漂亮的部分就好。拥有此种脸形的名人有斯嘉丽·约翰逊（Scarlett Johansson）。

PRIMERS

妆前乳

妆前乳是一款在底妆之前使用的化妆品，能起到保护皮肤的作用。大多数的妆前乳都含有硅成分，硅成分能够填充毛孔，抚平细纹，从而打造平滑的皮肤，为底妆或其他化妆步骤做好准备。使用妆前乳最大的好处是，它可以使妆容更持久。

妆前乳的种类很多，对不同类型的皮肤同样也有很多不同的滋润成分。妆前乳最好直接在清洁过的皮肤上使用，但如果皮肤过于干燥，也可以先使用润肤霜，然后使用妆前乳。

妆前乳种类繁多，有滋润干燥皮肤而添加保湿成分的，有防止油性皮肤出现油光而使用亚光成分的，还有有助于增加皮肤饱满度的，从而使人看起来更年轻。还有不少妆前乳带有SPF（Sun Protection Factor，防晒系数）值。妆前乳也有很多不同的质地，如乳液、慕斯、凝胶。另外，还有妆前矿物粉，特别适合敏感性皮肤使用。

专业化妆师，尤其是那些在时尚界工作的人，他们更倾向于携带一系列的妆前产品放在化妆箱中，以备在不同的工作中使用。尽管我们在时尚界工作时通常面对的是一些年轻模特——她们的皮肤饱满，只需在拍摄的间隙进行补妆即可，但是依然存在需要使用妆前乳的情况。在户外拍摄时，就一定要有一款带有SPF值的妆前乳。而当模特（我们在时装周期间见到过许多）倦怠或皮肤缺水时，可以用一款补水的妆前乳来使她们的皮肤变得舒缓平滑。

妆前乳在电视、电影行业也十分受欢迎。在这些行业中工作时，你会遇到不同年龄段的演员。另外，由于演员需要长时间处于拍摄现场、外景或发热的灯光之下，所以他们的妆容要尽可能持久，能够维持到可以进行下一次补妆时。

随着高清电视和高清电影的发展，演员所使用的化妆品也开始在有效果的基础上更加强调自然妆效。由于在电视或电影拍摄中使用粉饼会让妆效看起来厚重，所以亚光的妆前产品就成了理想的工具。它有助于预防油光的出现，减少了对粉饼的过量使用和补妆的次数。另外，对成熟的演员来说，一款含有硅成分的妆前乳，如MAC专业丝滑妆前乳（Pre+Prime Skin），有助于抚平细纹，打造平滑的肌底，使底妆更加贴合皮肤。Becca细纹毛孔修护底霜（Line and Pore Corrector）是一款自然肤色、不含油的妆前产品，它能够有效改善眼部和鼻子周围的毛孔及细纹，打造平滑底妆。

摄影：基思·克劳斯顿

发型及化妆：亚纳·里米尼（使用产品为Becca）

模特：于（Yu，Oxygen模特经纪公司）

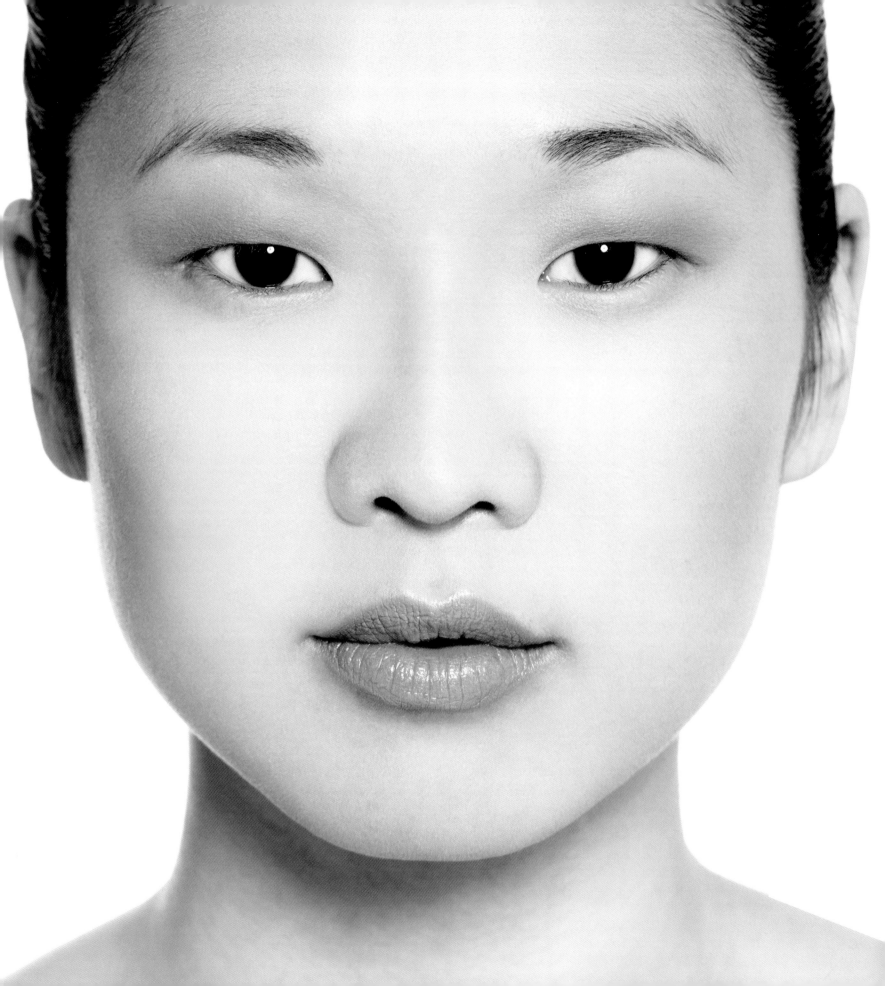

底妆&遮瑕

底妆

使用粉底或隔离的主要目的是平衡皮肤的色调和颜色。一名化妆师对皮肤的要求会因工作内容的不同而不尽相同。在这次拍摄中，化妆师想要的也许是富有光泽的皮肤。在其他的工作中，也许想要的就是老派的亚光效果，那么就会用到一款遮盖力强的隔离。或者化妆师需要打造一个自然妆容，就好像没有用到任何粉底似的。

选择使用哪一类产品，是新人化妆师可能会面临的最大挑战之一。这里的指南可以帮助你解决这类困惑。

强力遮瑕底妆

这类粉底使皮肤看上去完美无瑕。一款好用的强力遮瑕底妆产品能够有效地遮盖整个面部的疤痕、斑点和瑕疵——简直就像是一款遮瑕膏。这类粉底在黄种人和黑种人的皮肤上的使用效果同样良好。

* 想要在任何皮肤上打造无瑕底妆，就请将强力遮瑕粉底或粉条与一款有色面霜混合并稀释之后使用吧。

薄透底妆

薄透的粉底让皮肤看起来更自然，就仿佛没化妆似的。它能够均衡皮肤的色调，但并不能将雀斑、美人痣等遮盖住。

无油/控油底妆

这类配方非常适合油性皮肤使用，能够有效地帮助呈现一种亚光质感的妆效。通常来说，"无油"配方是指不含羊毛脂或矿物油（这类油倾向于堵塞毛孔并导致皮肤敏感）。

提亮底妆

这类粉底会使皮肤看起来富有光泽。某些具有提亮效果的粉底会含有细小的珍珠颗粒和硅颗粒。如果是为了拍摄照片，这类底妆会让皮肤显得油腻。

滋润底妆

这是对于干性至中性皮肤来说最好的一种粉底，它可以提供额外的滋润效果，在成熟性皮肤上也会有良好的表现。

粉霜底妆

这类粉底具有更加传统的质地，通常被装在小粉盒中。这类粉底本身是乳霜质地，但涂在脸上后的妆效却是粉质的。这类粉霜的定妆效果中等，适合想要比液体粉底具有更强遮盖力却又不需要强力遮盖的皮肤。

粉质底妆

这类底妆最好用于油性皮肤，因为其中不含任何液体或滋润成分，粉质粉底会带来亚光、无光泽的妆效。其另一个优势是可以用刷子蘸取，用来定妆。

慕斯底妆

这是一种有泡沫的底妆产品，遮盖力微弱，妆效有自然光泽或亚光效果。慕斯粉底在皮肤上感觉很轻薄。

有色面霜

这是将润肤乳与某些颜料结合在一起的产品，对均衡皮肤色调来说是完美的产品。其遮盖力十分微弱，并且极易被皮肤吸收。

* 如果你的肤色漂亮，并且你正在寻找一款能打造轻薄、透明果冻般的底妆的产品，那么可以试试使用有色面霜。它可以用来改善不均匀的肤色。

遮瑕

如果你已经使用了粉底，那么遮瑕膏就可以用来遮盖皮肤上的瑕疵。因为遮瑕膏的遮盖能力强大，所以还可以用来遮盖黑眼圈。在选择一款遮瑕膏时，你应当考虑它的浓稠度和颜色。一款好用的遮瑕膏应是轻薄的乳状质地，在皮肤上推开时很顺畅，不会过多摩擦皮肤。选择颜色深浅合适的遮瑕膏，然后进行混合，便能打造无瑕妆效，不会使妆感过于明显。遮瑕膏的颜色应当精准契合皮肤色调。在涂遮瑕膏时，最好先涂薄薄的一层，然后一层一层地叠加，这样的遮瑕效果看起来最自然。

如果你想遮盖黑眼圈，就需要使用遮盖力更强的产品。如果你的皮肤比较敏感，那么需要选择只含有矿物颜料成分，不含色素、油类、滑石粉或淀粉的产品。

摄影：基思·克劳斯顿
化妆及发型：亚纳·里米尼
（使用产品为Bobbi Brown）
模特：琳恩（Leanne，Oxygen模特经纪公司）

粉底的使用

1. 请在使用粉底之前确保皮肤已经清洁过并使用过润肤霜。在开始上底妆之前，请稍等几分钟，使润肤霜被皮肤吸收。如果脸上的皮肤湿润、发黏，会使粉底卡住，看起来像没有涂匀似的。试试用一款不黏腻、不油的乳液或面油，如百洛多用护肤油（Bio Oil）。

2. 轻轻将少量粉底分别点在前额、鼻子、下巴和脸颊上。

3. 记住，要按照向下轻抚的手势来上粉底，以达到隐藏毛孔的效果。还要记得扫过耳朵及下巴下方的皮肤，不用遮盖雀斑或天然的粉色脸颊。

4. 用刷子、海绵或手指在面部晕染粉底。要确保将粉底完全晕染开，这样才能获得自然无瑕的妆容。上粉底时，动作要迅速且轻柔。平顺、均匀地轻抹才能防止卡粉。

5. 在自然光线下确认你使用的粉底，确保它被恰当地晕染。如果你需要额外遮瑕，则在特定区域使用遮瑕膏，而不要使用过多的粉底。

遮盖黑眼圈

用黄色的润色遮瑕膏遮盖黑紫色的黑眼圈，用紫色或棕褐色遮瑕膏遮盖褐色的黑眼圈。紫色或棕褐色遮瑕膏也很适合肤色深或是肤色黑的人使用。泛绿色或淡蓝色的产品可以用来遮盖眼部下方的红色黑眼圈。

1. 在眼部下方的皮肤上点几点遮瑕膏，然后用手指轻拍或按压，千万不要来回摩擦。将遮瑕膏点在脸部肤色不均匀的部位，如下巴和鼻子周围，如果有必要的话，还需点在嘴唇周围。然后将遮瑕膏拍均匀。

2. 留意眼睛与鼻梁之间的部位。这个位置通常会是黑眼圈最严重的区域，需要使用更多的遮瑕膏。

3. 用你经常使用的粉底来均匀肤色。就像往常那样，让粉底与皮肤融合，不需过于在意眼部下方的位置。等你完成粉底步骤，就可以清楚地看到明显的黑眼圈，之后按照第1条中所讲的方法，将遮盖力更强的遮瑕膏拍在这个部位即可。

4. 在使用了遮瑕膏的部位上一些透明的粉，用量要刚好让遮瑕部位不再看起来黏黏的或发亮。可以用柔软的刷子来完成这个步骤。

- 为了让遮瑕产品的遮瑕效果更加持久且具有更好的遮盖力，将遮瑕膏涂在脸上后可以等待5到10秒，再将它拍进皮肤。

- 将高光产品与遮瑕膏混搭使用，提亮眼部下方的皮肤，或直接使用提亮遮瑕膏。这种遮瑕膏既能遮盖瑕疵，同时又能为脸部增添讨人喜欢的高光效果。

摄影：凯瑟琳·哈伯
化妆：亚纳·里米尼
（使用产品为MAC）
模特：拉瑞莎·H
（Premier模特经纪公司）

摄影：凯瑟琳·哈伯
化妆：兰·阮（使用产品为 Giorgio Armani）
模特：乃亚娜（Naiyana）

摄影：基思·克劳斯顿
化妆：兰·阮（使用产品为 Giorgio Armani）
模特：于（Oxygen模特经纪公司）

粉底&皮肤色调

让妆容与皮肤色调相称是一件棘手的事情。完美的粉底应当既能均匀肤色，又能凸显皮肤的自然光彩。橄榄色及深色皮肤天生散发着自然的光泽，很少需要使用太多的遮瑕产品。注意不要一年到头都使用同一瓶粉底，因为皮肤是会随着季节的变化而产生变化的，也许会变得更干燥，也许会变得爱出油。夏天肤色会变得深一些，而冬天则会变得浅一些。夏天脸上的肤色还会变得跟脖子的颜色不一样，这是因为脸部比脖子受到更多阳光照射。有一个好的办法就是使用与脖子颜色相称的粉底来平衡肤色，或在化妆完成后加用一些古铜粉产品（Bronzer）。

少数民族（Ethnic）女性通常是油性皮肤。控油产品很适合她们，但如果经常使用这类产品，皮肤就会变得干燥。这是因为此类产品中通常会含有酒精这种成分。使用适合自己皮肤的产品，你就能减少皮肤损伤。

深色皮肤色调

对深色皮肤用错粉底，就会使其变得暗沉、发灰，看起来像覆了一层灰似的。黑人或混血人脸部的肤色很少是均匀的，可能前额肤色更深一些、颧骨处浅一些等。遮瑕应该只有在皮肤有瑕疵（如疤痕、粉刺和粗大毛孔）时才使用。在使用粉底之后，使用粉饼来定妆，让脸部看起来不过于反光，这一点尤为重要。其他控制脸部发亮的方法有：在上粉底之前使用无油妆前乳，用刷子或海绵而非手指来上粉底。

对于皮肤黑的人来说，粉底的颜色应当在自然肤色的基础上或浅或深上半个色号。要在使用同色系的粉底或使用有色面霜后使用腮红或古铜粉产品。腮红最好选择能够突出皮肤色调的，如桃子色、杏色、褐色，甚至是古铜色。不要使用玫瑰粉色的腮红，这种颜色更适合肤色浅的人。也可以使用膏状或粉质腮红，叠加不同颜色的腮红，增加妆容的变化。在眼下和有皱纹的部位使用微闪的化妆品，这不仅能起到稍稍提亮的作用，还能突出脸颊的轮廓。

拉丁裔、印第安裔及亚裔皮肤色调

这些族裔的皮肤的色调更接近橄榄色调，所以使用黄色调的粉底会更好。提醒一下，粉底用在油性皮肤上时，有时候颜色会变深一个色号，这是由于粉底混合了脸部皮肤本身的油脂所致；找一款色号浅一些的粉底就可以避免让底妆看起来过深。如果脸颊泛着自然的温暖粉色，那么可以在粉底上面轻轻扫一些粉（粉色调的）。

HIGHLIGHTING

高光

高光产品是在塑造脸部轮廓时有必要用到的产品。修容产品被用来打造阴影、增加深度（见32~33页），而高光产品则被用来反射光线，为脸部增加立体感。在时尚界，高光产品非常受欢迎，不管是在杂志拍摄中还是在秀场上。因为在这些场合，往往需要通过妆容来讲述故事、营造假象并辅助呈现时装设计师的视角。

高光产品有一系列不同的质地，从闪粉、粉条到液体和凝胶。这些产品有很多不同的名字：微光（Illuminizer）、微闪（Shimmer）、晶亮（Iridescent），还有珠光粉（Pearlized Powder），但其实它们的作用都是一样的。微光产品，如Becca微光高光液（Shimmering Skin Perfector），用来与粉底混合后打造水润光泽、容光焕发的妆面。它在平衡皮肤色调方面也表现得非常出色。一个稍泛古铜色的微光产品与粉底混合后，能为皮肤增加一种微妙的古铜色健康光泽。

微闪高光粉或高光液用在颧骨上会反射光线，从而突出颧骨。Yves Saint Laurent的明彩笔（Touche Éclat）原本是一款微闪的高光产品，但后来成了最受欢迎的黑眼圈遮瑕产品。其高光成分能够反射光线，从而提亮黑眼圈。

在鼻梁上涂一道微闪的高光产品，可以使鼻子显得更直、更小。高光产品还可以用在嘴唇中央，打造丰满而有弹性的唇部。

在秀场上，化妆师通常会先给模特上一层高光乳液，然后加用高光粉，打造强效的反光效果。高光产品并不仅限于使用在脸上，身体上也可以使用。将高光产品用在四肢上，可以让四肢看起来更加修长。还可以将高光产品扫在锁骨、锁骨下方至胳膊区域，或者涂在胫骨的中间，以增加修长的视觉效果。在身体上使用油状产品，可以营造一种"湿润"的光泽感。MAC晶亮润肤乳（Strobe Cream）就是一款非常受欢迎的用于身体的高光产品，它还可以混入粉底使用。

摄影：佐伊·巴林（Zoe Barling）
化妆：桑德拉·库克（Sandra Cooke，使用产品为Giorgio Armani）
发型：娜塔莎·米格达尔（使用产品为Bumble & Bumble）
模特：艾玛·C（Emma C，IMG模特经纪公司）

腮红&修容

腮红就是那种能让你立刻变得年轻、健康又漂亮的产品。一款好的腮红可以弥补脸颊上随岁月逝去的天然色彩。

腮红有两种类型：膏状和粉状。近年来，美妆产品生产商纷纷推出修容腮红，这种产品可以在使用的同时为你塑造突出的颧骨。一些粉质腮红显色度高，因此如果你过量地使用，就会使腮红看起来颜色过深，尤其是把它用在靠近鼻子的区域时。

就像其他很多产品那样，如眼影、古铜粉、粉底液或粉霜，腮红还可以用来修容，这取决于你想要怎样的效果。MAC推出了一系列塑形和阴影色号的腮红，这些产品就是专门用来修容的。这些产品的颜色从亚光棕色、奶油色到裸色一应俱全，都是化妆师工具箱中常备的产品。

拍摄黑白照片时，通常要求更巧妙地使用修容和高光产品，这是因为光线和阴影的对比会影响整个妆容的色调和深浅效果。冷色看起来会比实际的颜色更浅一些，而暖色则会显得发灰并且比实际颜色更深一些。黑色的眼线或眉毛会显示为深灰色，所以需要加大产品的使用量。

摄影：法布里斯·拉克兰（Fabrice Lachant）
化妆：桑德拉·库克（使用产品为Nars）
发型：娜塔莉·马尔贝（Nathalie Malbert）
模特：奥莱娜（Olena，Nevs模特经纪公司）

腮红

想要获得健康、自然的气色，没有什么能比得上使用腮红了。但是逐渐地，腮红开始被人们过度使用。粉质腮红最适合油性或混合型皮肤，膏状腮红非常适合干性皮肤，而液体或凝胶状的腮红则适合油性皮肤。要想得到更好的效果，请将膏状腮红和粉质腮红搭配使用——这样就能使腮红妆效更加持久，而且看起来也会更有光彩。膏状腮红十分适合成熟性皮肤，因为它能轻松地擦出自然气色。在使用了润肤品的皮肤上使用腮红，能够更好地显色。要避免将腮红用在干燥的皮肤上，否则腮红会很快变干。

选择腮红的颜色

从选择颜色开始，让自然做你的导师。请参照你运动后或在寒冷天气中从户外回到家中时脸颊的色泽来挑选腮红的颜色吧。白皙的皮肤使用玫瑰色的腮红，看起来会很棒，而橄榄色皮肤则适合使用桃子色腮红，黑色皮肤则适合使用杏或红色腮红。暗粉色可以让任何略显倦怠的皮肤温暖起来。另一个技巧是选择与唇色相称的腮红。

腮红的使用

为了达到最好的效果，应当在上腮红之前先为皮肤做好准备工作，仔细上好粉底。使用时，先将腮红扫在苹果肌的最高点，然后顺着颧骨的方向轻轻向后扫，一直扫到发际线为止。你可以使用专业底妆刷（Full Brush）来上粉质腮红，在脸上涂抹之前，记得弹掉多余的腮红粉。为了进一步塑造轮廓，让轮廓更鲜明，可以先用一款古铜色或颜色深一些的腮红打底。

要注意腮红的使用区域，向下不要低过鼻头，向内则以两眼眼球所在的那条垂直线为界，不要将腮红扫在这两条线之间的区域。如果肤色比较苍白，那么就在前额最高处扫一些腮红。在靠近眼部的地方扫一些腮红，也能让你的眼睛显得更加闪亮。

- 如果不小心使用了过量的粉质腮红，你可以在上面再盖一层透明的粉，让腮红的颜色变得柔和。若是使用了过量的膏状腮红，用纸巾将腮红擦掉一些即可。

使用啫喱或膏状腮红

要达到自然健康的妆效，请使用淡一些的颜色，并确保将腮红在脸上均匀地推开。用中指在苹果肌上点一点腮红啫喱或膏状腮红，然后用中指和无名指将腮红推开，最后用干净的手指擦去多余的腮红。

- 一点点粉底可以用来应对使用过量的啫喱或液体腮红。但是鉴于这类腮红的成分会"渗透"到皮肤里面，所以修正颜色的唯一办法就是洗脸、擦润肤霜，然后重新上腮红。

晒伤妆

想要将脸部妆容打造出像被阳光亲吻过一般的光泽，可以在使用腮红之前先蘸取一点古铜粉，用大号化妆刷轻轻扫过前额、下巴和鼻子。对那些深色调皮肤来说，应该尝试使用焦糖色的古铜粉，而避免使用橘色的。在使用腮红之后，将透明色的高光粉扫在眉骨中间到脸颊中部的C字形区域。也可以蘸取一点微闪的腮红，扫在颧骨的最高点，靠近眼睛的位置。

配合脸形

可以将稍深色号的腮红扫在颧骨位置来突出颧骨。如果将腮红向脸颊下方扫开，则看起来会更加自然。如果你的脸形饱满，请在发际线处使用腮红。如果你的颧骨很明显，就将腮红用在脸部中央，而非脸颊的下方。

圆脸

请在颧骨上以侧倒的V字形来上腮红，这样就会产生脸变瘦的错觉。将腮红仔细扫开，再在下巴上扫一点。

方脸

请在额头和下巴上扫一些腮红，柔和脸形的棱角。从眼珠所在的那条垂直线开始上腮红，一直扫到颧骨，将腮红扫开。

长脸

在外眼角处扫一些腮红，能够减弱脸形的瘦长感。

椭圆形脸

将腮红扫在颧骨的最高点，然后轻轻向太阳穴的方向扫开。

摄影：凯瑟琳·哈伯
化妆：贝卡
模特：拉瑞莎·H（Premier模特经纪公司）

摄影：罗伯托·阿圭勒（Roberto Aguilar）
化妆：桑德拉·库克（使用产品为MAC）
发型：希斯·格劳特（Heath Grout）（使用产品为Tigi）
模特：达里娅（Darya，FM模特经纪公司）

修容

修容产品可以在脸上制造假象。其原理就是通过阴影和高亮的对比来塑造、强调和突出一些特征。举一个简单的例子：在颧骨位置使用高光，在颧骨下方打一些阴影，那么就会明显地将颧骨凸显出来。要真正理解修容，你需要先了解脸部的构造。对称性其实是让一张脸看起来"漂亮"及更上相的原因，所以修容产品可以被当作一种让脸部看起来更均衡、更对称的工具。即使最细微的修容，也有可能改变一个人原本的样子，打造出自然的效果，不需要增加其他颜色或"化妆"。修容能做到的远比这些更厉害，尤其是在高级时装秀上，修容占据了整个化妆工作中最重要的地位。修容可以做到以下几点。

* 打造轮廓分明的颧骨。
* 强调突出下颌线条、下巴或让双下巴隐形。
* 让宽大的前额变小。
* 塑造丰满的嘴唇。
* 让宽大的鼻子看起来更直、更窄。
* 提升下垂的眼尾。

• 关键是要记住，深色能够营造收缩效果，使用了深色产品的部位会看起来更小；而浅色能够营造膨胀效果，会使用了浅色产品的部位看起来更大、更近。

• 在打阴影时，一定要用亚光产品。要想获得自然的轮廓效果，应该使用比皮肤色调深两到三个色号的产品。

• 可以使用亚光或微闪的产品来打高光；但是针对成熟性皮肤，推荐使用亚光产品，因为微闪的产品会凸显细纹和皱纹。

• 能否将产品很好地与皮肤融合决定修容效果是否看起来自然。在化妆过程中，请不时地在自然光线下从各个角度检视脸部，确保没有任何明显的化妆痕迹。

• 打高光跟修容是两个正好相反的效果。用深一些的颜色就会出现阴影，帮助塑型，如在颧骨下方修容；相反的，高光要用在光线会直接照射到的部位，如颧骨上方而非颧骨上，这么做可以让脸部更加立体。

POWDERS

粉

摄影：卡米尔·桑松
（Camille Sanson）

透明及半透明粉

粉的种类多种多样，从粉饼到散粉，从透明无遮盖力到强遮盖力。一款粉是否合适，取决于你要在什么时候用它，是日常妆、新娘妆、拍摄时装片或杂志片，还是拍电视节目、电视剧或电影。透明粉或遮瑕粉非常适合用来定妆并减少皮肤的油光现象。这类粉的一个优点就是即使重复使用几次也不会变厚或卡粉。这让它们很适合在需要拍摄一整天的时候或平日里使用。你还可以用遮瑕散粉来做一个透明的定妆。一款无色的粉可以用在很多种色调的皮肤上，从深肤色到浅肤色。亚光Shu Uemura散粉就是一款好用的粉，它的颗粒非常细，并且能最大限度地吸油。

* 你还可以在浅色调的皮肤上使用一款深色号的透明粉来修容。

遮瑕粉

你可以购买具有更强遮瑕能力的粉。它们对于消除皮肤泛红和平衡皮肤色调很有用。MAC矿物粉（Mineralize Skin Finish）在这方面就很厉害，它能立即融入皮肤并且遮盖斑点。如果你有一款颜色有点不太合适的粉底，遮瑕粉就可以帮你将底妆加深或提亮一个色号，这取决于你使用什么颜色的粉。

市面上也有遮瑕力强的粉饼出售。这类粉可以当作粉底来使用。有些人更喜欢使用这类产品（与粉底液相比），因为它有助于更加迅速地完成上妆且便于携带、补妆。这类粉很适合在日常使用，但是对于新娘妆或照片拍摄来说经常补擦就会显得过于厚重了。

在后台，如果模特在登场之前刚好需要补妆的话，你可以用遮瑕粉进行迅速补妆。MAC控油干湿两用粉饼（Studio Fix）是一款很受欢迎的强力遮瑕粉。

散粉和粉饼

在日常使用时，选择散粉还是粉饼完全取决于个人的喜好。需要注意的是，你是否需要随身带着它补妆（从这个角度来说，散粉就会显得太大太重而且容易搞得乱七八糟），以及你对一款粉的遮瑕能力有怎样的要求，因为一般散粉更倾向于透明色。

在时装秀后台，粉饼更受青睐。这是因为粉饼更方便化妆师拿着跑来跑去，而不会弄得到处都是，而且也不会像散粉那样容易散落到衣服上。在时装片或杂志片的拍摄现场，是选择粉饼还是散粉，则取决于化妆师的喜好。在这些现场，化妆师会有更多的空间，说不定还会有一个专门的化妆台，所以不需要过于担心会把散粉撒在衣服上。

* 当摄影师拍完第一张照片之后，再在模特的脸上上粉。也许你根本不需要上粉，但这要看你做的是哪种类型的造型。有时你只需要在某些区域上一些矿物粉就够了。

* 在婚礼上，粉饼可能会更有效率，这是因为你可以轻松地从早到晚带着它并到处走动，为新娘补妆。如果你并不需要在婚礼中留一整天，那么就把粉饼交到新娘的手上吧，她可以用粉饼来补妆，而无须担心自己会弄得一团糟了。

摄影： 凯瑟琳·哈伯
化妆： 兰·阮（使用产品为Shu Uemura）
模特： 拉瑞莎·H（Premier模特经纪公司）

摄影：凯瑟琳·哈伯
化妆：约瑟·巴斯（使用产品为Shu Uemura）
模特：卡特（FM模特经纪公司）

古铜粉&美黑

晒过或呈现古铜色的皮肤会有一种健康的光泽，通常会让人们联想起阳光下的悠闲假期。这样的肤色还能让人看起来更加苗条，还可以使皮肤上的瑕疵变得不那么明显。但是现在的人们比过去都更加意识到，真的去晒黑会造成皮肤过早衰老，还会诱发皮肤癌。美妆业因此推出了美黑产品，有很多产品可以让你获得一个好看的晒黑效果。所以人们再也没有必要为了晒黑而走出去晒太阳以致于灼伤自己的皮肤了。这类产品在颜色方面的选择也非常多，可以满足各种皮肤色调的需求，从最白的白色皮肤到橄榄色调的皮肤一应俱全。虽然使用这类产品确实需要费一番力气，但它们能够拯救你的皮肤，让你的皮肤一年四季都具有健康光泽。

即时古铜色

考虑到春夏时装系列的拍摄是在冬天进行的，化妆师需要使用大量让皮肤看起来像被晒过的美黑产品和古铜粉。在照片拍摄现场，化妆师有许多方法可以让皮肤变黑，只需片刻，便可以使用一把喷枪把模特变成一副晒黑的样子。含有酒精成分的喷枪彩绘不容易被衣服蹭掉，也不溶于水。相对的，这种颜料也非常速干，而且用起来也很方便，只需要一个气泵或身体专用喷枪即可。不过，上色的过程很可能会变得一团糟，必须要有专业的设备、上妆产品和卸妆产品才可以。

如果不使用喷枪打造晒后肤色，化妆师还有很多其他的产品可以考虑。在时装周上我们经常会看到，化妆师使用混合了润肤乳的身体用粉底来遮盖模特皮肤上的瑕疵，将腿、胳膊、后背及任何裸露在外的皮肤颜色调整得更深。除此之外，还有许多古铜产品可以使用，如古铜油、凝胶、乳液及霜。这些产品都能即刻令皮肤变黑，但又可以在拍摄工作结束后轻松卸除。如果模特穿了某些特定的服装，则不适合使用这类产品，否则衣服可能会被染色。古铜粉也是很棒的产品，但是最好将其用在比较小的区域，如脸部、胸前，而非全身。带有闪光效果的古铜粉也可以用来强调和突出某些部位，如小腿正面、大腿、肩膀和锁骨。

对想为某场活动做一次性美黑的人来说，也有很多适用于身体和脸部的古铜粉，它可以在活动结束的当晚用水清洗掉。这类产品唯一的缺点是，如果遇到非常炎热的天气或下雨天，你富有魅力的健康光泽就可能会被冲掉或者显得更糟，即留下一条一条的痕迹。古铜粉很容易蹭到衣服上，但大部分古铜粉产品是水性的，很容易清洗掉。对拍摄现场的化妆师来说，古铜粉是用来改变皮肤色调非常理想的产品，因为它使用起来迅速、便捷，可以涂在任何你需要涂的部位。

同样，古铜粉也有一系列不同的质地，有霜、乳液、喷雾还有粉状。在脸上使用用于面部的古铜粉十分简单，可以沿着颧骨、太阳穴、前额、鼻梁和下巴只涂在阳光能够直射的部位，用来打造晒后妆，就好像你被晒过似的。这样薄薄的一层色彩就可以给整个面部增添额外的健康光泽。

摄影：韩·李·德波尔（Han Lee de Boer）
化妆：桑德拉·库克（使用产品为St Tropez）
发型：辛迪亚·哈维（Cyndia Harvey）
模特：卡特（FM模特经纪公司）

持久的美黑效果

想要打造持久的美黑妆效，全身都散发古铜色的光泽，最快也最有效的办法就是用喷雾美黑。如果你使用这种方法，那么需要请一位专业技师用喷枪来完成。你可以选择深浅度不同的产品，从浅金色到深色，这取决于你在身上喷了几层喷雾。大多数情况，喷满全身需要用上好几个小时来完成。在美黑之前，建议先做一次全身的祛角质，去掉所有的死皮角质，这样美黑产品才能均匀地着色于皮肤上。喷雾美黑通常可以保持一个星期左右，如果有需要，还可以通过适当地对身体祛角质和涂润肤乳加上每周的补涂来维持更长的时间。

在家里美黑也有许多种选择，如瓶装喷雾、霜、凝胶和乳液等。使用美黑产品可能会把家里弄得乱七八糟，而且还要耐心地等它干透，不过这些产品确实为我们提供了不同的选择。现在最新潮的做法是渐变美黑——向身体滋润产品里加入一点点美黑成分，随着持续使用该产品，慢慢形成和维持一种健康的皮肤光泽。

获得最好的美黑效果

使用美黑产品通常需要花费2到4小时的时间来完成。记住，一定要认真阅读产品的使用说明书。如果你打算把颜色弄得更深一些，在准备涂下一层产品之前，一定要按照产品说明中推荐的等待时间来执行。

1. 要获得均匀、持久的美黑效果，就要确保在操作的前一天已经完成了除毛等准备工作。

2. 在美黑之前，要先祛角质，让皮肤像丝绸般平滑。

3. 确定身体一些比较干燥的区域（如手肘、膝盖、脚踝）已经认真地涂过滋润产品，这样可以防止美黑产品卡在这些部位。

4. 使用美黑产品时，记得戴上美黑产品专用手套，这样可以避免将手染色，也能获得更均匀的覆盖效果。你可能需要一位朋友来帮你处理那些自己涂不到的部位。

5. 在美黑产品干透之前，用一块软布轻轻扫过膝盖、脚踝和手肘，以及手指、脚趾之间的缝隙，把多余的产品擦去，防止过多产品黏在这些部位。

6. 等待产品干透的时间里，请穿着质地松软的旧衣服。

- 请每周补涂一次美黑产品，维持美黑效果。参加激烈运动或水上活动会缩短美黑效果的持续时间，所以你需要多涂几层或更加频繁地补涂。

- 在涂好美黑产品之后的24小时内，尽量不要洗澡。

- 普通的轻微祛角质产品和润肤产品有助于延长并均匀美黑效果。

摄影：罗伯托·阿基拉
化妆：桑德拉·库克（使用产品为St Tropez）
发型：希斯·格劳特（使用产品为Tigi）
模特：达里娅（FM模特经纪公司）

THE *EYES*

眼妆

摄影：罗伯托·阿圭勒
化妆：约瑟·巴斯（使用
产品为Shu Uemura）

EYEBROWS

眉毛

眉毛可以帮助我们勾勒出脸形，因此平时要保持清爽、清晰而有形的眉毛，以衬托脸形。想要使眉毛看起来自然又比例协调的话，其长度最好比眼睛稍长一些。这就意味着眉毛应该从泪腺正对的位置开始，一直延伸到外眼角向外5mm左右的地方结束。这样你的脸就会看起来年轻而有活力。

修眉

说到眉毛的弧度，你必须很小心地找到眉峰的正确位置——你可以正对着一面镜子，并拿一把细化妆刷，然后将刷子的一端置于鼻翼外侧，另一端指向眼珠外缘，这样便形成了一条直线，这条直线与眉毛的交汇处一般就是眉峰所在之处。

要明确眉形，就应当先将前额的头发撩起，让眉毛完全露出。如果你不太有把握，就想象从眉头到眉峰有一根直线，而这根直线以上的眉毛是没必要留下的，那么就将它们拔掉。这样就有了清晰的眉形。

请按照上面的步骤对眉毛下半边做修整。想象有一条直线从眉头的底边延伸到眉峰，然后将这条线以下的眉毛拔掉。拔眉毛的时候一定要分外小心，否则你多拔或多留3根眉毛都可能让你的眉形看起来大不相同。

另一个修眉的方法是用剪刀修剪。如果你有多余的眉毛或眉毛长得比较杂乱，那么就用刷子将眉毛向上梳起，然后像前面说到的那样，想象依照一条直线来修剪。如果修过之后你的眉形还是不够清晰，那么可以用眉笔或眉粉来画出新的眉形。浅色眉毛请使用灰棕色产品，深色眉毛请用李子色调（Plum Tone）的产品。

- 如果你想要猫咪脸，可以尝试更长更直的眉形。这种眉形还会让上了年纪的女性看起来年轻一些。

- 如果你想要遮住自己原本的眉毛而画一个全新的眉形，有一个很好用的办法，就是将一块肥皂弄湿，然后用弄湿的肥皂涂眉毛，再用一款好用的遮瑕产品仔细地涂在上面。然后你就可以画出任何你想要的眉形了。

- 想让自己变得擅长修眉，最好的办法是在纸上练习——尝试画出不同风格和形状的眉毛。

- 要避免让眉峰出现在眉毛中部，否则会让眼睛看起来比实际小。稍微靠外的眉峰会显得眼睛又大又有神。

- 在眉头部分不要拔掉太多眉毛，因为如果两条眉毛距离太远的话，会使眼睛看起来像是长在头的两边似的——就像一条鱼！

- 最好用的镊子是头部非常尖的那种，一次只能拔一根眉毛。斜头的镊子一次可以拔多根眉毛，这可能会因为不小心而多拔眉毛，导致修出来的眉形不理想。

摄影：邱唯凡（Allan Chiu）
化妆：约瑟·巴斯（使用产品为Shu Uemura）
模特：安娜（Anna，FM模特经纪公司）

强调眉毛

要想让眉毛有形，眉形更明确，就有必要清除眉毛上方和下方的杂毛。好看的眉毛应该是眉头最粗，之后逐渐变细，直到眉尾处。

1. 眉毛应稍稍长于外眼角。眉头应当与眼睛泪腺的位置在同一条垂直线上。将一把小号化妆刷垂直置于鼻子旁，然后观察泪腺到眉头是否在同一条垂直线上。

2. 眉峰通常在眉骨最突出的位置——眉头至眉峰的长度应当比眉峰至眉尾的长度略长。要找到最理想的眉峰位置，可以将一把小号化妆刷置于鼻翼外侧，让刷子的另一端指向眼珠外缘，这样就可以帮助你找到眉峰的理想位置。

3. 为了让修眉变得更简单一些，可以在拔眉毛之前先画好眉形。在纸上练习画出不同的眉形是一个好办法。可以将眉峰画得有棱有角，也可以让眉毛看起来有曲线又自然。尽可能多次重复画不同眉形的练习，这可以帮助你在真正开始画眉之前先想象出眉毛的理想形状，也可以确保你不被原本天然（或非天然）的眉形干扰。

4. 一旦确定了那条用于修眉的线，就用眉笔或眉粉把它画在眉毛上。你可以使用眉粉，因为如果你画错需要修改，它会更容易被擦掉。

5. 现在，一根一根地拔掉长在你画的那条线之外多余的眉毛吧。

6. 如果眉头部分的眉毛过长，请用刷子将它们向上梳起，然后依照那条线的上缘剪去过长的眉毛。记得要留一点余地，以免修剪过度。有时眉尾的眉毛总是又长又不老实。遇到这种情况时，把它们向下刷，然后仍然按照那条线进行修剪。

7. 要让眉形看起来明确又饱满，可以先用眉粉填刷眉毛中间，然后用刷子刷出自然效果，最后就会得到漂亮的眉形。这样就可以更多地将人们的注意力吸引到你清澈的眼睛上。

摄影：基思·克劳斯顿

化妆：杰德·杭卡（使用产品为Shu Uemura）

模特：伊莲娜（Oxygen模特经纪公司）

摄影：基思·克劳斯顿
化妆：纱卡（Sharka）（使
用产品为Shu Uemura）
模特：梅林特（Oxygen模特
经纪公司）

EYESHADOW TEXTURES

眼影的质地

眼影如何在眼睑上显色，取决于美妆生产商所生产的眼影质地及涂眼影的手法。请尝试使用眼部妆前乳或眼影打底产品，如Benefit柠檬眼部遮瑕膏（Benefit Lemon Aid），这类产品可以让眼影更加显色，还能避免在眼皮褶皱处卡粉，让妆效更加持久。

亚光眼影

亚光眼影是一种单色的无闪眼影。如果想修容或在拍摄照片时增加色彩度，它是个很棒的选择。比起带闪的眼影，这种亚光眼影更能在视觉上增加深度。一把修容眼影刷可以有效地帮你获得这种效果。

眼影膏

眼影膏的质地湿润。一些眼影膏可以持续滋润，而且质地看起来也是湿润的，所以很容易在眼皮褶皱处卡住。另外一些眼影膏本身虽然是湿润的膏状，但涂在眼部之后就会变干。如Bobbi Brown长效持久眼影膏（Longwear Cream Shadow）就有着非常棒的防卡粉成分。眼影膏还可以很好地用于打底，增强眼影粉的显色度。

眼影霜

眼影霜通常散发水晶般的光泽。在使用这类眼影时请使用硬质的刷子，这样有助于让它的妆效更浓郁。

带闪眼影

这类眼影含有细小闪光颗粒来反射光线，这种带闪的眼影非常适合用在拍摄音乐电视、流行音乐广告片及夜间拍摄中使用，因为它确实可以增添"哇"的效果。散粉状的带闪眼影可以像涂眼影那样涂在眼睑上，但是它需要附着在带有黏性物质的表面上，如眼影膏或睫毛胶之类的产品。

眼影粉

散粉状的眼影是由一颗一颗细小而有色的微粒组成的，通常装在一个带盖的小罐子里，而非扁平的盒子中。你可以用这种眼影创造出许多不同的效果。如果使用蓬松的刷子作为工具，刷出来的效果就是眼睑上面一层薄透的色彩。如果使用更密集、更厚实的工具（如眼影棒），那么就会得到更加浓郁且不透明色彩效果。你还可以把这类眼影粉融入液体中，如MAC调和水（Mixing Medium），调和成彩色液体后在皮肤上作画。Barry M眼影粉就是很棒的色彩系列的眼影粉。

摄影：法布里斯·拉克兰
化妆：桑德拉·库克（使用产品为MAC）
发型：娜塔莉·马尔贝
模特：奥莱娜（Nevs模特经纪公司）

摄影：基思·克劳斯顿
化妆：亚纳·里米尼（使用产品为Bobbi Brown）
模特：琳恩（Oxygen模特经纪公司）

摄影：丹尼尔·纳达尔（Daniel Nadel）
化妆：乔·休格（使用产品为MAC）
模特：苏菲·威林（Sophie Willing）

摄影：卢·丹宁
化妆：卡拉·M·巴尔基耶里（Karla M Barchieri）
（使用产品为Inglot）
模特：乔蒂（Jodie，Nevs模特经纪公司）

打造烟熏妆的方法有很多种，但是最受欢迎的一种是在眼睛周围涂满一圈黑色的眼影粉，再将眼影向上扫至眼睑褶皱处。你也可以用眼影膏、油彩或眼线胶来实现这个效果。一旦掌握了晕染这项技巧，你就可以开始使用各种浓烈的色彩或颜料来打造不同的造型了，如"猫眼"（非常适合晚上外出）、"熊猫眼"（非常流行并且看起来很颓废，见85页），你可以使用眼影膏和眼影笔来画烟熏妆。

想画出漂亮的烟熏妆，你必须在优质的刷子上做一些投资，不过只需要准备两把刷子即可。第一把（如一把西伯利亚黑貂毛刷）用来上眼影，第二把则用来晕染色彩、柔和褶皱处和线条。

- 当你柔和眼睑褶皱处的眼影时，要使用小圆周动作，并且只使用刷头2mm~3mm处的尖部。注意避免用力过猛。

- 如果刷毛在你晕染颜色的过程中分叉了，则说明你太用力了，这样会让眼影呈现出块状的效果。要以像羽毛轻扫皮肤那样的力度来使用晕染刷。

眼影粉烟熏妆

左页这个时髦的眼妆用到了多种颜色，使用了浅色、中等深浅及深色调的眼影粉来打造。这里所用的浅色眼影是浅粉色，中等深浅眼影是柔和的紫色，而深色眼影用的是灰色和黑色。

1. 将桃子色或裸色眼影在睫毛根部向上一直到眉毛之间的区域不轻不重地扫一层。

2. 用硬毛刷在睫毛根部和眼睑褶皱处之间的区域涂上最浅的颜色——亚光浅粉色眼影。不要涂得过高了，否则将没有空间进行晕染。

3. 用中等深浅的柔和紫色眼影从外眼角处开始向鼻梁方向涂刷。在涂刷的过程中，向上并向眼睑褶皱处的上方轻轻晕染。

4. 一旦已经确定好形状，就可以开始用烟熏灰色的眼影加深双眼皮的部分了。注意此处还是使用硬毛刷。

5. 接着仍然用同一把刷子来上最深色的眼影。这里使用的是黑色，将其刷在眼睛的下方，下睫毛根部也刷一些。注意要从外眼角一直向内眼角刷过去。

6. 接下来拿一把柔软的刷子，蘸上一些中等深浅的柔和紫色眼影，沿着下睫毛晕染眼影，柔和生硬的边界。

7. 用一款浅色微闪的眼影来做有光泽的定妆（使用与之前所用眼影同一色调的产品），再用柔软的刷子在内眼角处及紧贴眉毛下方的眉骨处加一点高光。这么做可以提亮、加强眼部，让眼睛看起来更大。

8. 用一把斜角刷蘸取黑色的眼线胶，画上眼线，再用黑色眼影笔描画下眼线，进一步加深妆效。

9. 最后，请使用大量黑色睫毛膏涂抹上下睫毛。

上图

摄影：卢·丹宁
化妆：亚纳·里米尼，杰
德·杭卡（使用产品为
MAC）
模特：娜塔莉亚·加尔
（左）（Natalia Gal,
Models 1模特经纪公司），
维多利亚·斯凯特（右）
（Viktorija Skyte, Storm模
特经纪公司）

左页

摄影：凯瑟琳·哈伯
化妆：亚纳·里米尼（使
用产品为Bobbi Brown）
模特：乔蒂（Nevs模特经
纪公司）

油彩烟熏妆

左页深邃、富有光泽的眼妆是黑色油彩加上黑色眼影
粉定妆后完成的，它适合在时装类拍摄中使用，如杂
志拍摄或时装秀。但是如果你需要的是一个持久的妆
效，那么这个方法并不理想，因为时间一长，妆面就
会出现褶皱。

- 如果在油彩上层使用的不是眼影粉而是其他颜料，或是
  加上湿润的眼线胶，那么效果就会变得不一样了。

- 在完成的烟熏妆上可以加涂透明唇彩，但一定要等到最
  后再涂，否则眼妆很快就会出现褶皱。这个方法非常适
  合在杂志拍摄时用在男模特的脸上，而且透明唇彩涂得
  越多，效果越好。

啫喱烟熏妆

上图中使用长效眼线胶画烟熏妆，这是一个又好又快
捷的烟熏妆画法，但是用它来画烟熏妆，需要一点技
巧。在使用这种画法时，因为眼线胶干得很快，而
一旦它干了，要想再进行晕染或修正就会变得十分麻
烦，所以你必须非常迅速地上妆。要确保一次画一只
眼睛，而且一次只完成一个步骤。

首先将眼线胶涂在上睫毛根部到眼窝的区域内。等它
干透，通常会用2~3分钟。在眼线胶变干之前，不要
在上面叠加其他眼影，否则会很难涂抹均匀。

使用晕染刷的尖部来晕染，不要太用力。你可以用黑
色眼线笔描画内眼线，再用黑色眼影在下睫毛根部柔
和边界线。

电子裸色妆

这个妆使用了温暖的古铜色调修饰上眼睑，再用蓝色眼影笔加宽下眼线，引人注目又简单易行。

浪漫哥特妆

化妆师在模特眼睛下方和上眼睑处都使用了红色和活力粉色，这让眼睛看起来疲倦又紧张。但同时在眼睑褶皱处加上亚光黑色眼影，再搭配丝绒红唇，便能够打造出一个精致又浪漫的哥特妆。

摄影：卢·丹宁
化妆：约瑟·巴斯
模特：乔安娜·斯塔布斯（Joanna Stubbs，Models 1模特经纪公司）

极度诱惑妆

将紫色和粉色的眼影与黑亮的嘴唇搭配。将几种颜色向上向外晕染开，先从薰衣草紫色开始，从内眼角向上扫至眉毛处，再加入红色和粉色。如果你够大胆，还可以将柠檬绿色的眼影涂在眉骨处，作为高光。既然有了黑色的嘴唇，那么就不需要任何睫毛膏了。

小野猫妆

首先在上眼睑涂上绿色眼影，在下眼睑用蓝色眼影。为了塑造出猫眼的轮廓，将外眼角处的黑色眼线膏向外加宽，并晕染至眼睑褶皱处，然后涂刷足量的睫毛膏，再用黑色眼线笔描画上下内眼线。

摄影：卡米尔·桑松
化妆：兰·阮（使用产品为
Bobbi Brown）
发型：安德里亚·卡索拉里
（Andrea Cassolari）
模特：汉娜（Next模特经纪
公司）

眼线

最受欢迎的眼线产品要属眼线笔了。在挑选眼线笔上，我们拥有很多选择，它可以是彩虹上的任何一种颜色，也可以是金属、亚光或缎面等不同效果的。眼线笔通常是使用起来最简便的眼线产品，而且当笔尖比较尖的时候，很容易画出漂亮又干净的眼线，同时也方便修改。现在的彩妆品牌正流行推出眼影笔，这种笔具有更加柔软的笔头，触感轻柔，还能涂抹出烟熏的效果。

用黑色眼线笔画眼睛的内眼线，会让眼睛显得小一些，也性感一些。用白色眼线笔来画内眼线的话，会让眼睛看起来没那么红，也让眼睛更显活泼灵动。不过，不可以将防水的眼线产品用于内眼线。

眼线液

湿润得几乎像墨水一样的眼线液可以用化妆刷、眼线液自带的刷头或者形状像笔一样的柔软笔头来涂。这类产品有一系列粗细不同的刷头，有非常细的可以画出细眼线的刷头，也有粗且宽的刷头用来画出更引人注目的粗眼线。眼线液可能需要1分钟左右的时间才能干透，所以如果在它还湿着的时候蹭到，就会涂抹开。也许眼线液使用起来比较麻烦，而且一旦涂错则很难修正。但是当它干了之后，妆效则可以持续一整天（或一整夜）。一般眼线液在干透后都会有些亮亮的效果。

眼线胶

顾名思义，眼线胶的质地柔软，就像凝胶一样，需要使用刷子来上妆。它干得很快，但是可以被擦掉或涂抹开。当它差不多干透时，看起来像眼影一样，不过比眼影更加持久。与眼线液比较起来，眼线胶比较不容易将妆容弄得乱七八糟。如果使用一把好的刷子，就可以画出非常精致的眼线。

眼线粉饼

压制的眼线粉饼可以用湿润的刷子蘸取来画粗眼线，这样的眼线会加强睫毛或"烟熏"的妆效。如果眼影本身的颜色并不浓，那么眼线也不会显得过浓。你需要一把小号扁平刷或斜角刷。化妆师有时会拓展思路，使用非常显色的眼影粉或眼影以及一把浸泡了调和液或水的潮湿刷子来上妆。这种做法更多的时候是用来调出不太常见的颜色的。

MASCARAS

睫毛膏

不管你问哪位化妆师，他都会告诉你一支睫毛膏质量的好与坏，很大程度上取决于它的刷头。近些年的潮流是使用20世纪50年代的老式刷头。睫毛膏有很多不同的成分和颜色——从普通的黑色、棕色到蓝色、绿色、紫色、金色、银色和白色。

总有睫毛膏被商家宣称拥有纤长、浓密、卷曲或是三者兼备的效果。有一些还配有妆前液，用于在刷睫毛膏之前刷在睫毛上，以便让睫毛显得更加浓密。之后又出现了新配方的睫毛膏，它可以在每根睫毛上形成管状结构，直接用水就可以清洗掉。睫毛膏还可以含有防水成分，但是在你结束一天的行程之后，防水的产品也会变得很难卸除。尽管市面上有众多出色的睫毛膏，但一位出色的化妆师依然可以让大多数睫毛膏为他们所用，只要遵循以下这些小贴士即可。

* 每次使用睫毛膏之前都要先将睫毛夹弯。
* 确保睫毛膏产品没有干透——睫毛膏在开启后通常寿命为2~3个月。
* 使用睫毛雨衣，尤其是睫毛根部，要确保每根睫毛都涂刷到。
* 使用睫毛梳，确保没有睫毛打结。

此外，除了给睫毛使用睫毛膏外，还有给眉毛用的产品。这类产品同样是用来使眉毛颜色加深或变浅的，而且比起填涂在眉毛之间的眉粉和眉笔，其效果更加自然。在颜色上这类产品通常会搭配的发色有金色、棕色、深棕色和红色。透明的睫毛膏也可以用来梳理眉毛并为眉毛定型。

摄影：卢·丹宁
化妆：杰德·杭卡（使用产品为
Christian Dior）
模特：娜塔莉亚·加尔（Models 1
模特经纪公司）

摄影：凯瑟琳·哈伯
化妆：桑德拉·库克（使用产品为MAC）
发型：娜塔莉·马尔贝
模特：萝宾（Robyn，FM模特经纪公司）

摄影：卡米尔·桑松
发型和化妆：克里斯蒂娜·拉维德拉
（Christina Iravedra）（使用产品为Bobbi Brown）
模特：克劳迪娅（Claudia，Nevs模特经纪公司）

EYELASHES

睫毛

摄影：基思·克劳斯顿
化妆：桑德拉·库克（使用产品为Swarovski）
模特：米歇尔·伊斯特
（Michelle Easter，Red Models 模特经纪公司）

摄影：凯瑟琳·哈伯
化妆：兰·阮（使用产品为Shu Uemura）
发型：安德里亚·卡索拉里
模特：爱德丽安·丹西（Adrienn
Densi，Nevs模特经纪公司）

睫毛对于美妆界来说是个重点部位。你可以在睫毛上额外加一些东西来打造独有的妆效，如人造钻石、亮片等。有太多选择可以帮助你来完成自己的创意。双层睫毛可以让眼睛的尺寸变得不同，让眼睛看起来更大、更性感。你还可以在眼角处加上独立的假睫毛，或将一条假睫毛进行修剪，从而获得猫眼的妆效。

还有更富创意的做法，你可以把假睫毛粘在眼睛下面，这样拍出来的照片会呈现出一种有趣的效果。另外，你还可以将颜料或亮片与透明睫毛膏、睫毛混合液或透明胶水混合，得出不同质地、颜色和造型的睫毛。事实上你会获得什么样的妆效是没有限制的。

摄影：卡米尔·桑松
化妆：兰·阮（使用产品为 Shu Uemura）
发型：安德里亚·卡索拉里
造型：纳斯林·简-巴蒂斯特（Nasrin Jean-Batiste）
模特：艾琳（Erin，Nevs模特经纪公司）

摄影：韩·李·德波尔
化妆：纳特·凡徐（Nat van Zee）
（使用产品为Shu Uemura）
模特：索菲（Sophie，Select模特经纪公司）

绿羽睫毛

1. 使用扇形硬质刷子蘸取白色和黑色的眼影膏，在脸颊和前额的部分画出随意的刷痕效果。

2. 使用黑色眼影膏，从内眼角出发，沿上睫毛根部向外，再沿着下睫毛回到内眼角，画出一个翅膀的形状。在双眼皮范围内再画出一个小一些的翅膀形状。

3. 用黑色眼影膏填画大的翅膀，再用深绿色彩妆液，如Makeup Forever彩妆液（Aquarelle），填画小翅膀。然后等待它们干透。

4. 用大小不一的羽毛假睫毛覆盖在黑色翅膀的轮廓位置，如图中这些Shu Uemura的羽毛假睫毛。然后用睫毛胶将它们粘好。你有不同的选择，可以使用个性化的独特假睫毛，如真羽毛或是剪纸，你尝试的假睫毛越多，就越能打造出独特的妆容。

贴纸效果

与彩虹睫毛的第一步相反，上面右图中的妆容首先使用了粉底液和奶油色修容产品作为打底。眉毛则用棕色眉胶来修饰，然后将霓虹色贴纸剪成大小随意的三角形，粘贴在前额处。

摄影：韩·李·德波尔
化妆：纳特·凡徐（使用产品为Shu Uemura）
模特：金·格拉泽（KimGlaser，Next模特经纪公司）

彩虹睫毛

1. 先用刷子将粉底液刷遍整张脸，作为打底，然后使用奶油色修容粉，如MAC修容粉饼（Sculpt & Shape），进行修容。将修容粉沿颧骨向耳朵的方向扫去，再扫至脖子的两侧。在鼻梁上使用高光，在鼻子的两侧使用修容粉。

2. 使用亮橘色的眼影膏沿着上睫毛根部从内眼角开始向外画，并在外眼角处画出斜坡的效果，然后继续涂色，直至形成一条粗眼线。

3. 将彩虹假睫毛粘在靠近上睫毛根部的地方。先将睫毛胶均匀地涂在假睫毛边缘，等它变成半干的状态，将其轻轻按在睫毛根部。特别注意内外眼角粘贴的位置要刚好合适。

4. 唇妆部分，先用遮瑕膏涂在嘴角处，然后用绿松石色的啫喱唇线笔在嘴唇上画出一个有棱角的丘比特之箭的形状，营造玫瑰花瓣般的视觉效果。要画出完美的唇线，就应当使用小而直的斜角刷，并先用画点的手法在嘴唇上画一些点作为描线的标记点。或者也可以让模特绷紧唇部，以便画出一条干净清晰的唇线，没有缺口或卡住的地方。

• 如果你觉得将假睫毛紧紧地粘在真睫毛根部很难做到，那么就在靠近睫毛根部的地方粘好之后用眼线笔或眼影将真假睫毛之间的空隙填满即可。

71

摄影：凯瑟琳·哈伯
化妆：亚纳·里米尼（使用
产品为Shu Uemura）
模特：卡西亚（Kasia，First
模特经纪公司）

摄影：法布里斯·拉克兰
化妆：兰·阮（使用产品为Shu Uemura）
发型及发饰：马克·伊斯特莱克（Marc Eastlake）
模特：莫妮卡·R（Monika R，Next模特经纪公司）

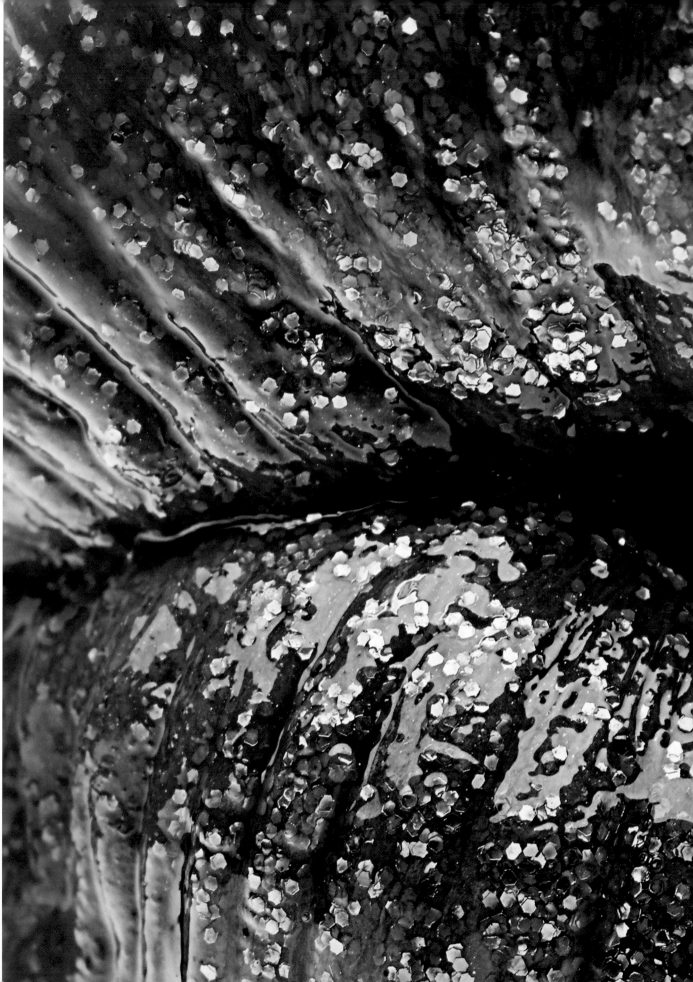

THE *LIPS*

唇妆

摄影：康拉德·阿通（Conrad Atton）

化妆：兰·阮（使用产品为 MAC）

唇膏的质地

当你在挑选一支唇膏时，请注意，一件产品在包装里面看起来的样子不一定等同于它在皮肤上的效果，这跟产品的质地有关。（这条法则适用于挑选大多数彩妆产品。）在做造型时，化妆品的质地跟它的颜色一样重要。你可以使用遮瑕膏或唇部妆前产品来遮盖原本的唇色，以便呈现唇膏的色彩。Benefit丰唇底膏（Lip Plump）和MAC唇部遮瑕膏（Lip Erase）都是化妆师们的最爱。要小心唇部疱疹，如果唇刷接触过患处，再碰到唇膏，病菌很可能会污染唇膏。这时就使用一次性唇膏吧，在专业彩妆店就可以买到，这很有必要。

让唇部做好准备

在使用唇膏之前，先让嘴唇做好准备，这很重要，就好像给脸部上妆之前要先让皮肤做好准备一样。干燥、起皮或皲裂的嘴唇会毁掉整个妆面。你可以先给唇部祛角质，使用类似好莱坞润唇磨砂膏（Hollywood Lips Sweet Sugar Scrub）这类产品，然后用整日舒缓膏（Soothing Day Relief）来治愈和保护唇部。柔黛万用香脂（Rodial Glam Balm）也可以使唇部平滑、丰满。

透明唇膏

这种产品的颜色为透明色，原本的唇色会透过唇膏显现出来。使用这种透明色唇膏，不管你涂多少层在嘴唇上，得到的色彩效果都会很有限。当你想要唇部具有浓郁的色彩效果时，透明色唇膏不是最好的选择。但如果你想要的只是自然色彩的妆效，那么透明色唇膏就是非常棒的选择了。如果要推荐一款好用的自然透明唇膏，那就是Laura Mercier的粉棕色系裸色唇膏。而Benefit锁色唇彩（Lip Stain）则更高一级，因为它可以改变嘴唇的颜色且不会在嘴唇上留下一层覆盖物。

亚光唇膏

亚光唇膏的色彩单一，不带闪也没有光泽，而且大部分亚光唇膏的颜色都比较浓。因为这类唇膏不容易渗到唇部周围的细纹中去，所以更适合成熟的模特使用。亚光唇膏还很适合打造20世纪20年代到50年代

的妆容（见96~103页）。比如，你想要一个20世纪40年代的唇妆，那么使用像MAC俄罗斯红（Russian Red）这样的亚光唇膏，效果会很棒。

滋润或缎面唇膏

滋润或是缎面唇膏能打造出光滑的妆效并散发一抹光泽，看起来十分滋润。滋润或缎面唇膏的透明度各不相同，这取决于品牌。这类唇膏很适合用在新娘妆中，因为它们多了一分滋润的同时又比透明色唇膏更加显色。Benefit女士之选（Ladies Choice）就是一款大胆的粉色调滋润/缎面的唇膏，非常适合新娘使用。

雾面口红

雾面口红会有些许的光泽或金属质感加入色彩中，从而让唇部看上去闪着微光。与滋润或缎面唇膏相同，雾面口红也有不同的透明度。如果你想要有光泽的唇妆但不想使用唇彩，那么这类产品就是很好的选择。Revlon都市银粉（Silver City Pink）就是打造一款非常出色的20世纪60年代复古唇妆的佳选。

不透明唇膏

不透明唇膏的颜色比较浓，可以完全遮住嘴唇原本的颜色。它可以是亚光、缎面、雾面或水光的妆感，只是颜色是不透明的。MAC的CB96就是一款雾面效果的不透明唇膏，这款唇膏是橘色的，带有金色雾面光泽，但颜色完全饱和。如果你想要打造颜色十分明显的唇妆，那么就选择不透明唇膏吧。

给唇部上色

注意要先用遮瑕或粉底给唇部打底，然后上唇膏，这样可以让唇膏的色彩还原度更高。唇线笔在重新塑造唇形或加强现有唇形丰满度上很有用。要给整个唇部上色，你可以先打一个厚实的底，再涂上唇膏来增强色彩。其他彩妆产品，像眼影、眼影膏、眼影粉、油彩及膏状腮红等，也可以用在嘴唇上。

- 有时用手指将唇膏按压到嘴唇上，更容易掌控。额外使用唇彩会让嘴唇看起来更加丰满。还可以通过混入其他颜料来创造有趣的唇色。在拍摄照片时，还可以在嘴唇上加亮片或闪粉，以增加璀璨的闪亮效果。

摄影：凯瑟琳·哈伯
化妆：兰·阮（使用产品为
Lancôme）
模特：伊丽兹·巴亚尼（Ilize
Bajane，Next模特经纪公司）

吸血鬼妆

吸血鬼唇妆的灵感来自布拉姆·斯托克（Bram Stoker）的小说《德古拉》（*Dracula*，1897年）和一些影片，如《失落的孩子》（*Lost Boys*，1987年）、《不死僵尸》（*Nosferatu*，1922年），以及格蕾丝·琼斯（Grace Jones）领衔主演的经典影片《穿梭猛鬼城》（*Vamp*，1986年）。

1. 先用唇部妆前乳打底，然后用适合你肤色的粉底盖住原本的唇色。

2. 选择一款适合你肤色的红色调唇膏：冷调红色适合粉色调的皮肤，暖调红色则适合黄色调的皮肤。应使用唇刷精确地涂抹唇膏。

3. 接着用黑色唇线笔或眼线膏将上下唇边各描画一遍，然后用唇刷将黑色唇线晕染并融合到唇膏中。

4. 为了让唇部看起来更加丰满，可以蘸取一点唇彩，涂在上下唇的中间位置。

血染红唇

染色效果的唇妆看起来成熟、容易操作，甚至像是随意画出来的。但是要打造这样一个唇妆却完全不能随意。

1. 先使用唇部精华来舒缓唇部，然后用润唇膏滋润唇部。

2. 选择一款适合你肤色的浅红色或深红色唇膏（最好是缎面或亚光质地，不带闪）。如果皮肤是粉色调，请选择冷红色；如果是黄色调，请选择暖红色。

3. 挤一些润唇膏到混色板上，然后加入一些唇膏碎块。用抹刀将两者混合充分。

4. 用唇刷或无名指蘸取一些混合物，点在嘴唇凸起的部分，然后将颜色按进去。注意嘴唇中央的上色情况，向嘴角方向一边移动一边上色。不时蘸取混合物，直到整个唇部全部完成着色。

5. 用纸巾或棉签沿着嘴唇的四周清理掉多余的唇膏，并营造出一种"未完成品"的效果。最后在最上层涂一点润唇膏即可。

泡泡糖唇

泡泡糖唇是一款散发着浪漫少女气息、看起来鲜艳欲滴的唇妆，其灵感来源于诱人的口香糖和泡泡糖。试着想象粉色和大量的唇彩。

1. 用润唇膏浸润唇部。选择比嘴唇周围皮肤所用粉底浅1到2个色号的遮瑕并涂在唇部，这样所涂的唇彩就不会"渗出来"。

2. 为了维持效果，用粉色的唇线笔勾勒唇线。记住：如果你的皮肤是粉色调，请选择冷调粉；如果你的皮肤是黄色调则选择暖调粉。

3. 选择一款适合的粉色唇膏，这也取决于皮肤是粉色调还是黄色调。

4. 然后选择三款唇彩——浅色、中等深浅色和深色唇彩来增加唇部的丰满度。记住，在挑选唇彩的时候要考虑冷暖色调。

5. 将最浅色的唇彩涂在嘴唇的最高处，将中等深浅色的唇彩从唇部中央涂向嘴角，将深色唇彩集中涂在唇角。

6. 最后响亮地抿一下嘴唇，出发吧！

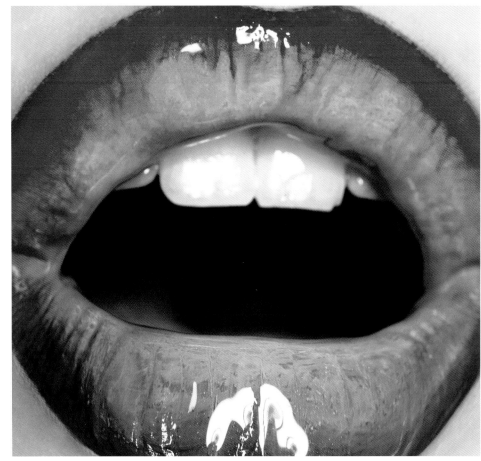

左**1** / 左**3**

摄影：凯瑟琳·哈伯

化妆：兰·阮（使用产品为 Dior）

左**2** / 左**4**

摄影：基思·克劳斯顿

化妆：桑德拉·库克（使用产品为MAC）

模特：莉娜·欧科诺（Lina O'Connor, Nevs模特经纪公司）

右**上**

摄影：凯瑟琳·哈伯

化妆：蕾切尔·伍德（Rachel Wood）（使用产品为MAC）

右**下**

摄影：凯瑟琳·哈伯

化妆：玛利亚·帕帕多波罗（Maria Papadopoulou）（使用产品为MAC）

模特：希瑟·韦斯特（Heather West, Nevs模特经纪公司）

摄影：康拉德·阿通
化妆：兰·阮（使用产品为MAC）
模特：汉娜（Next模特经纪公司）

重彩眼妆与唇妆

1. 使用人造毛底妆刷将中等遮盖力的粉底刷在整个脸部，直至底妆融入皮肤。这样刷出的妆效更自然且遮盖均匀。

2. 用一把小号人造毛化妆刷在需要的部位上一点遮瑕产品，然后用手指轻轻点压或轻拍。手指的温度可以帮助遮瑕产品进一步融入皮肤，而点压的手势可以让你在完成遮瑕步骤的同时又不会将产品涂到指定范围以外。

3. 在脸部皮肤比较油的部位（如前额、鼻子和下巴）扫一些粉。然后在眼睛下方用过遮瑕的位置也上一些粉，防止出现细纹褶皱，眼睑也做同样处理。这样有助于定妆，为眼影打造平滑的肌底。

4. 关于眼部，可以先用一把扁平化妆刷蘸取深绿色眼影，然后从睫毛根部扫至眼睑褶皱处。

5. 用一把刷毛柔软的晕染刷将一款深浅适中的绿色眼影覆盖在生硬的边缘处，从眼睑褶皱处向上扫开。使用两种绿色可以营造出由深至浅的柔和渐变效果，从而获得"烟熏"妆效。

6. 用一支你能找到的最深的绿色眼影笔在睫毛根部多涂一些。用一把硬质圆头化妆刷将画好的眼线向外晕染一些，使眼线变粗，加强妆效。

7. 用一把斜角刷将一款浅黄色眼影浓重且均匀地涂在下睫毛处。如果你喜欢的话，可以把眼影稍向下晕染开，以达到柔和的作用。

8. 将一款浅金色/香槟色眼影或其他颜色柔和的高光产品涂在内眼角和眉毛下方的眉骨处。这样可以起到增强妆效的作用，并让眼睛看起来更大一些。

9. 用浓密型睫毛膏涂刷上下睫毛，并增加涂刷的层数，以增强效果。

10. 现在来处理眉毛。用一把干净的斜角刷蘸取与眉色相称的眉粉，一下一下地扫在眉毛间隙中。如果你不小心用了太多的眉粉，则可以用一把一次性的睫毛刷梳理眉

11. 毛，这样即可去掉多余的眉粉。

12. 对于脸颊，用一把斜角修容刷将冷调的修容产品扫在颧骨下方，从发际线向鼻子的方向扫过去。

13. 接下来，用一把柔软的腮红刷在苹果肌的位置扫一些粉色或红色的腮红，并将它晕染至颧骨处。

14. 用一把小号刷子和浅色的闪光产品为颧骨打高光。

15. 接下来处理嘴唇，使用深紫色或很深的紫红色唇线笔按照嘴唇的自然唇线描画。继续用这支唇线笔将嘴唇其余部分涂满，这是为了增加唇膏的持久度并让颜色更浓。

16. 用人造毛唇刷将与唇线笔颜色相近的唇膏涂在唇部，可以遮住唇线，但不要超过它。

17. 最后，将金色亮片混入透明唇彩中，并用唇彩涂满整个唇部。还可以选择使用一支带闪的金色唇彩来打造更微妙的妆效。

摄影：卢·丹宁
化妆：纱卡·P（Sharka）
模特：卡特（mandpmodels 模特经纪公司）

摄影：凯瑟琳·哈伯
化妆：桑德拉·库克（使用产品为
Illamasqua）
模特：萝宾（FM模特经纪公司）

MEN
男士

美妆界已不再是女人的天下了。人们对于男性打扮这件事的态度，在过去十年间发生了重要转变。从市面上针对男性顾客、为男性专门设计的美妆产品的数量逐渐增多这一现象，就能看出其中的变化。针对男性的产品范围已经从男性剃须产品，扩展到了护肤品和美妆品。

"梳化"（Grooming）这个词常常用来特指在拍摄照片时为男性模特做发型和化妆。"梳化"的艺术在于让男性模特看起来清爽，皮肤洁净，发型整齐，但又要看起来像没化过妆。在使用胶片和柔光灯的时代，"梳化"并没有显得那么重要，但在现今高清技术环境之下，让男模特的自然状态看起来很好，已经变得重要起来。

另外，杰出的男模特在时装界逐步增多。而且还出现了不少精致的男性时装杂志，如 *GQ* 和 *Maxim*，还有主要人物为男性的杂志拍摄（针对男性模特和男士服装设计师），以及每一季在米兰和巴黎举办的男士时装周。

"梳化"大致上会涉及清洁、滋润、修正色调、遮瑕、控油、修眉以及在必要时对胡须的修整。如果在一个照片拍摄现场没有造型师，那么化妆师要做的"梳化"就会包括修剪头发和做发型。"梳化"也并不仅限于脖子以上的部分，还要确保手及指甲处于最好的状态，身体皮肤经过滋润，而且皮肤的色调是正常的。

更进一步来说，在走秀和拍摄杂志这类工作中，"梳化"还包括眼妆，如眉毛和眼线，还有脸部修容和高光，甚至还会做一些疯狂的绘画和染色。在男装时装秀上，有专门的团队（包括化妆师、发型师和修甲师）来为男性模特"梳化"，让他们能够从视觉上体现设计师的想法。所以，也许在不久的将来，"梳化"将不仅是做发型和化妆，而是一门造型艺术。

摄影：凯瑟琳·哈伯
打扮：兰·阮（使用产品为
Kiehl's）
模特：尼古拉斯·罗宾森
（Nicholas Robinson）

摄影：法布里斯·拉克兰
化妆：兰·阮（使用产品为Lancôme男士）
造型：卡尔·威雷特（Karl Willett）
模特：马克斯（Max，Dynamite Hosts模特经纪公司）
皇冠品牌为Fred Butler，内衣品牌为Calvin Klein

摄影：法布里斯·拉克兰
化妆：兰·阮（使用产品
为MAC）
造型：卡尔·威雷特
头饰品牌为Fred Butler

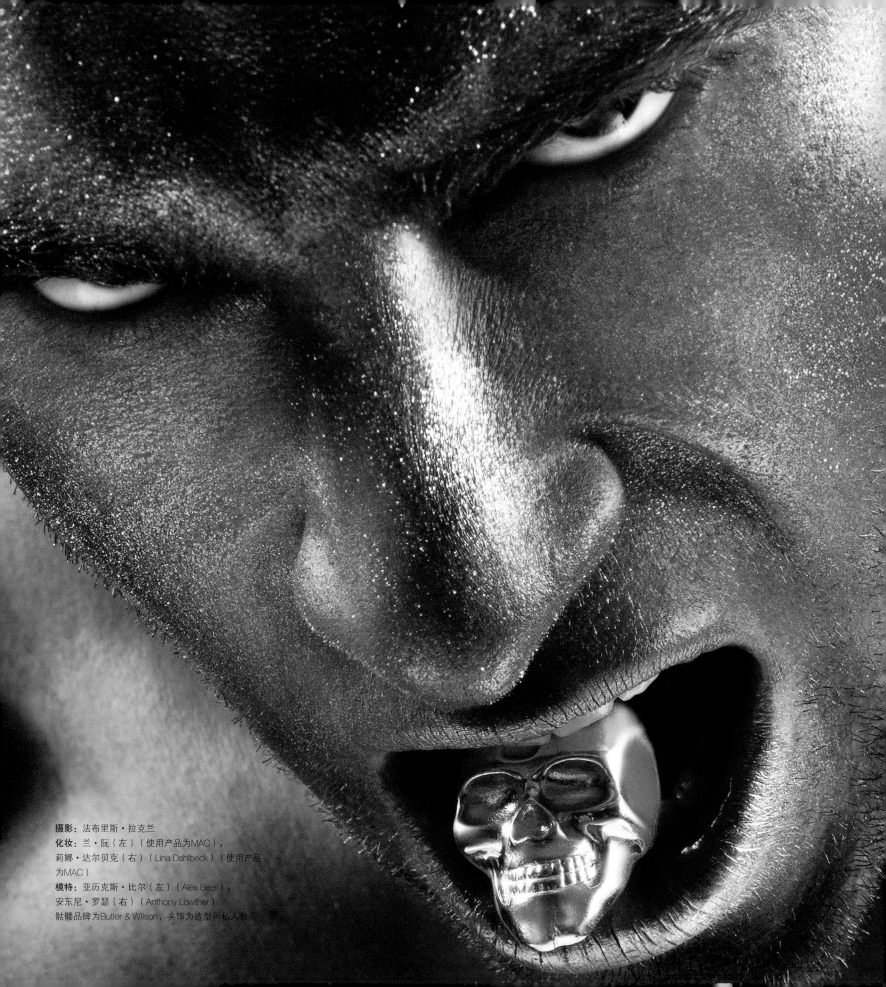

摄影：法布里斯·拉克兰
化妆：兰·阮（左）（使用产品为MAC），
莉娜·达尔贝克（右）（Lina Dahlbeck）（使用产品
为MAC）
模特：亚历克斯·比尔（左）（Alex Beer），
安东尼·罗瑟（右）（Anthony Lowther）
骷髅品牌为Butler & Wilson，头饰为造型师私人物品

ICONIC ERAS

标志性时代

回到20世纪20年代，化妆在当时有可能是一个危险的主张。因为那时的化妆品中含有一些化学品，如铅、硫黄和汞。除去化妆品对健康的威胁，对有教养的女孩子来说，化妆也是件不合时宜的事情。一些姑娘会使用颜色较浅又柔和的化妆品，但还得瞒着对此事持反对态度的父亲和丈夫。而那些害怕化妆会带来危险后果的女性则通过捏脸颊和嘴唇来使其变得有血色。当时流行的观点是，淑女没有任何理由应该待在阳光之下，所以她们应当看起来是苍白的。历史学家还观察到，苍白的面容之所以会在当时成为潮流，是因为当时肺结核病盛行，得了这种病的人会因为饱受折磨而显得脸色苍白。

20世纪20年代的摩登女郎、20世纪40年代的眉形、20世纪50年代玛丽莲·梦露式的诱惑唇妆和20世纪60年代的崔姬（Twiggy）妆，所有这些，以及其他具有代表性的妆容风格，一次又一次地被电影和时装界所借鉴。每年似乎都会有一轮新的复活。时装设计师们从过去、异域文化及街头时尚中获取灵感，并在过去的潮流中融入新花样，再把它带入生活中。化妆品公司也在做着同样的事情，他们带回新色彩、新产品及新技术，然后重新再推出。在上一季我们在所有的秀场内看到色彩明艳的唇色，到了下一季，我们看到的就是哥特风格的黑色眼妆了。

20世纪20年代和20世纪30年代流行的都是轮廓鲜明的黑色烟熏眼妆和嘴唇像撅起的唇妆。近年来，我们已经在不少时装秀上看到过这种妆容了，如之前在加利亚诺（Galliano）作为Dior品牌设计师的那一场时装秀上，帕特·麦克格拉斯（Pat McGrath）所创造的妆容。20世纪20年代，眉毛通常会保留原本的眉形，不做任何修整，而眼妆则是深色的烟熏妆。"烟熏妆"现在仍是流行的妆容之一。被人们称为露露（LuLu）

的、美得令人难以置信的女演员露易丝·布鲁克斯（Louise Brooks）就是那个年代时尚界和美妆界的偶像，她总是顶着一头标志性的荷兰式短发，妆容则充满了戏剧性。而葛丽泰·嘉宝（Greta Garbo）则以其仔细修整和描画过的眉毛引领了20世纪30年代的潮流。

20世纪40年代——摇摆年代，这一时期更多的时候是因为第二次世界大战而被人记住。当男人走上战场，女人便走上了各种工作岗位。那个年代的妆容经过了简化，一支红色唇膏是必备物品。嘴唇是大红色，并且上唇会被描画成过度丰满的样子，眼线在外眼角处稍稍上扬且眼线又浓又重，眉毛则保留自然的样子。这一时期的代表人物便是电影明星维多利亚·雷克（Victoria Lake）。

20世纪50年代，好莱坞式的迷人装扮直到现在还在流行，仍有许多人喜欢玛丽莲·梦露式的妆容和海报，如克里斯蒂娜·阿奎莱拉（Christina Aguilera）、斯嘉丽·约翰逊（Scarlett Johansson）及蒂塔·万提斯（Dita von Teese）。在那个时期，时尚潮流从马尾辫和天真无邪的少女装扮转变成了蜂窝式发型和眼妆明显的浓妆艳抹。初涉影坛的小明星涂着红唇，画上眼线、腮红，并且涂大量的睫毛膏，而眉毛则保留自然眉形，任其生长。十几岁的姑娘开始使用粉色或桃子色的唇膏，因为她们的父母不同意她们化浓妆。

在20世纪60年代，我们看到的是化妆潮流的彻底转变。崔姬于1966年被发掘，此后，她便用中性发型和由玛莉·官（Mary Quant）等设计师发明的摩登派时装彻底改变了时装界和美妆界。崔姬使用柔和的浅色唇膏，眼妆的色彩也较淡，但是她会戴假睫毛，然后画粗粗的眼线，一直画到眼窝处，并使用大量的睫毛膏。当时的一些设计师因为发明了迷你裙和热裤而获得好评，玛莉·官便是其中一位，但是到了20世纪60

20世纪20年代妆容

正如右页图片所再现的那样，这个时代妆容的颜色深沉、充满神秘色彩和诱惑。眼妆用眼影笔完成，打造了边界清晰的浓重烟熏效果；唇部则画成丘比特之箭的形状。眉毛和眼妆的造型都是圆的，在苹果肌上用了粉色腮红，唇色则是用玫瑰花蕾般的深色。眉毛以直线开始，然后变成弧线。

摄影：法布里斯·拉克兰
化妆：莉娜·达尔贝克（使用产品为MAC）
模特：艾米丽·S（Emily S，Nevs模特经纪公司）

摄影：卢·丹宁
化妆：莉娜·达尔贝克（使用产品为MAC）

年代中期,她引领了一股新的化妆品潮流,那便是一物多用的彩妆产品。20世纪60年代末期是权利归划时代的开端,也是女性解放的开端,于是化妆风格开始走向极简和自然。到处可见未经造型的长发,以及意料之中化妆品公司出现的低谷。

20世纪70年代是迷惑摇滚、迪斯科和朋克音乐的时代,全世界的时装和美妆产业迅速活跃起来。贴身上衣、喇叭裤及中性装扮开始出现。化妆变得大胆、浓艳,大量的色彩和亮片被运用其中。法国版和意大利版*Vogue*上的模特使用血红色唇膏、画黑色眼妆,用眉笔画出细细的眉毛。大卫·鲍伊(David Bowie)和洛克希音乐团(Roxy Music)是迷惑摇滚的代表人物。这一时期的化妆风格相应地也变得大胆而多彩,关键是要够夸张。朋克音乐和无政府主义运动占据了20世纪70年代末期的社会活动领域:别针变成了鼻子和耳朵的装饰品,头发被漂染,然后做成又丑又刺眼的莫霍克人式或是锋利的造型。薇薇安·韦斯特伍德和她的搭档马尔科姆·麦克拉伦(Malcolm McLaren)则开创了性手枪(Sex Pistols)的标志性造型。

20世纪80年代被看作是色彩大爆发的时期。在电视、电影和音乐明星的带领下,又大又古怪的发型和妆容成了潮流。像《王朝》(*Dynasty*)、《迈阿密风云》(*Miami Vice*)和《名望》(*Fame*)之类的剧集影片,以及一些主要的艺术家们,如迈克·杰克逊(Michael Jackson)和麦当娜(Madonna)都是这股潮流中的一份子。杜兰·杜兰(Duran Duran)、亚当和蚂蚁(Adam and the Ants)则代表了新浪漫主义和试验性中性装扮的风格。

20世纪80年代的男性和女性都流行做又大又卷的发型,人们开始大量地使用发型产品,而妆容则运用色彩缤纷又大胆的风格。时装中的荧光色被用在化妆品中,女性使用色彩鲜艳的睫毛膏和大胆的眼影,涂满整个上眼睑,直到眉毛。腮红同样被过度使用,甚至会晕染到发际线的位置。

在这章内容中,你将会看到一系列风格各异的复古妆容,从20世纪20年代一直到现在。如果你愿意,则完全可以效仿其中的任何一款,或者从中得到很好的启发,为你自己的妆容注入新的能量。

20世纪30年代妆容

如左图所示,这个时期的妆容透着优雅和成熟,眼妆部分的特征是柔和的眼影、晕染的内眼线,还有长睫毛和使用睫毛膏。腮红用来给脸颊修容。流行的唇妆有着从唇峰开始倾斜的饱满唇形。眉毛则从眉头到眉尾都很饱满。

1. 在全脸使用有色面霜或遮盖力微弱的粉底。将遮瑕膏盖在瑕疵或是黑眼圈处。使用遮瑕或眼部妆前产品给上眼睑打底。

2. 用一支柔软的黑色眼线笔沿上睫毛根部画出粗眼线。你也可以用黑色眼影膏来完成这个步骤。用手指或人造毛化妆刷将眼线向上晕开至眼窝处,然后扫一层黑色眼影来定妆。用一把柔软的刷子将颜色向眼窝的方向晕染开。

3. 在眼窝处加一些灰色或暗棕色,辅助黑色眼影过渡到眉骨处。

4. 在眉骨上扫上半透明的粉或用高光顺着眉毛的方向向上扫。

5. 将睫毛夹弯,然后涂刷足够多的黑色睫毛膏。

6. 将眉毛梳理妥当,扫上眉粉或用眉笔画出清晰的眉形。用透明的眉膏将眉毛定型。

7. 这个妆容的重点在戏剧化的眼妆和唇妆上,所以要尽可能地让脸颊的颜色自然,这只需要在苹果肌的外缘处扫一抹桃子色的腮红即可。将腮红向太阳穴的方向晕染开,然后用自然色的修容粉饼扫脸颊的凹陷处,加深凹陷,起到修容的作用。

8. 用深紫红色唇线笔勾画唇线,然后用同一支笔涂满整个唇部。在涂亚光唇膏之前,先用一把干净的唇刷对唇部进行晕染。或者也可以选择更现代的手法,就是用唇彩或微微带闪的唇膏代替亚光唇膏。

摄影：凯瑟琳·哈伯
化妆：蕾切尔·伍德（使用产品为Chanel）
发型：马克·伊斯特莱克（使用产品为Bumble & Bumble）
模特：萨布丽（Sabrina，Next模特经纪公司）

20世纪40年代妆容

这个时期的化妆风格是极简、经典及优雅。为了再现
这个时代的妆容，我们在眼窝处使用了灰色眼影，并
在细细的睫毛之间填满眼线。腮红在脸颊上起到了修
容作用。红唇更加丰满，唇峰更宽。眉形长而拱。

101

20世纪50年代妆容

这个时期追求迷人、干净、清新的妆面。右图中模特的眼妆使用了柔和的蓝色、粉色和紫罗兰色。眼线的画法是埃及式的，眼尾的画法则是经典的20世纪50年代的翘眼尾。这个时期的女性会粘贴假睫毛，嘴唇通常是略浅的红色、粉色或橘色。腮红选用粉色或桃子色的，并将其扫在脸颊的苹果肌上。眉毛的颜色浓，被修成拱形。

图中的妆容灵感来自最初的芭比娃娃妆，并融入了露西尔·鲍尔（Lucille Ball）在美剧《我爱露西》（*I Love Lucy*）中的装扮。在大大的眼睛上涂蓝色眼影粉，画白色内眼线，用黑色眼线液画外眼线，眼线贯穿整个眼睑，并且中间画得粗一些。眼睑中央一抹白色的微闪眼影粉增加了一些高贵的魅力感。在上睫毛处粘贴了假睫毛。

将下唇画得比上唇稍稍小一些，这便是经典的樱桃小嘴，也是无辜的芭比娃娃式小嘴。将暖调的底妆打造成亚光和厚重的效果，使其看起来有种小成本电影的色彩感。

摄影：基思·克劳斯顿

化妆：蕾切尔·伍德（使用产品为Benefit）

发型：法比奥·薇薇安（Fabio Vivian）

模特：茵芙里德（Invlid，mandpmodels模特经纪公司）

20世纪60年代窈窕淑女妆

在这个时期，脸颊苍白的"窈窕淑女"妆很盛行。眼妆部分是淡色眼影加上画在上下睫毛根部的粗粗的眼线，另外在上眼睑还会画一道炭黑色粗线。妆面会使用很多高光，修容腮红也会被用到。唇妆则是浅棕色、柔和的粉色和桃子色。

此处这个妆容灵感来自安迪·沃霍尔（Andy Warhol）、崔姬，以及超越巅峰的电影《王牌大贱谍》（*Austin Powers*）。这一妆容使用黑色湿/干眼线粉和亚光白色眼影来打造轮廓鲜明的眼睛。在睫毛上则涂了四层黑色睫毛膏，最后粘贴一对毛茸茸的浓密假睫毛。

摄影：凯瑟琳·哈伯
化妆：蕾切尔·伍德（使用产品为Benefit）
发型：马克·伊斯特莱克（使用产品为Bumble & Bumble）
模特：维多利亚（Viktoria，Oxygen模特经纪公司）

摄影：卢·丹宁

化妆：克里斯蒂娜·拉维德拉（使用产品为Bobbi Brown）

模特：埃利纳（Eline, manadp models模特经纪公司）

20世纪60年代的波普艺术妆

上图中这个很棒的造型灵感来自20世纪60年代理查·爱文登（Richar Avedon）为模特崔姬所做的造型。这个妆容也可以用作聚会妆。

1. 整脸使用轻薄的粉底，如MAC脸部身体粉底（Face and Body）。然后用具有中等以上遮盖力的遮瑕膏遮盖黑眼圈。注意粉底要照顾到耳朵、脖子和胸前。

2. 接下来使用透明的粉来定底妆，以防稍后出现油光。

3. 用浅灰色的亚光眼影涂满整个上眼睑，再将深灰/黑色亚光眼影涂在眼睑褶皱的上方，画出"香蕉"的效果。将深色眼影晕染妥当，但要注意确保其边界清晰。深色眼影只用在左眼上，因为右眼将用来彩绘。

4. 夹弯眼睫毛。

5. 用一把细短的眼线刷将黑色眼线胶涂在左眼眼线处，修饰眼形，注意不要涂到内眼线。在外眼角的位置将眼线轻轻向上挑，在下眼睑处画一些尖头的线条，营造假睫毛的效果。

6. 给右眼画眼线，但不要在下眼睑加画睫毛。

7. 在内眼线的位置涂满白色眼线，这样可以让眼睛明显增大，并加强和凸显眼线和眼睛的形状。

8. 将细细的假睫毛粘贴在真睫毛上，用睫毛胶将它们粘好。如果假睫毛太大，可以先进行修剪，再涂上胶水。

9. 用画Z字的手法涂黑色睫毛膏，帮助真假睫毛结合在一起。

10. 用画圈的手法将桃子色的腮红扫在颧骨上。

11. 用一支桃子色/橘色的唇线笔沿嘴唇的自然形状勾画唇线，然后用唇刷将桃子色的唇彩填满唇部。

12. 用丙烯酸专用刷（可以在美术用品商店里买到）来画右眼部这朵花，其颜色可以选择蓝色、橘色和浅绿色。注意要将颜料和水混合至你需要的浓稠度。

13. 用蓝色画出花朵的主要形状（在眼睛周围画画时一定要非常小心）。然后用细一些的刷子蘸取橘色颜料，修饰花朵的造型。最后用小号刷子画出浅绿色的叶子。

20世纪60年代欧普艺术妆

右图这个妆容的灵感来自20世纪60年代晚期的帕高·拉巴纳（Paco Rabanne）耳饰。这个时期的妆容与后来的平面设计同属一个时期。在脸颊上使用了桃子色腮红和奶油色修容粉，在嘴唇上用了滋润的中性色珊瑚棕色。用纯白色和黑色的眼线膏/胶及黑色眼影打造眼妆。

摄影：亚历山德罗斯·帕帕尼科洛普洛斯
（Alexandros Papanikolopoulos）
美容编辑：玛利亚·帕帕多波罗
（*Vimadonna*杂志）（使用产品为MAC）
模特：艾洛蒂（Elodie，Action模特经纪公司）

20世纪70年代妆容

用色彩丰富、自然的彩妆产品打造晒后妆，如左图所示，用高光和阴影来完成整个妆容的修容。眼妆部分的色彩丰富，使用珠光质地的眼影笔来凸显眼部轮廓。嘴唇则泛着水润光泽，眉形偏细，有微微的拱形。

1. 将有色面霜或遮盖能力较弱的粉底涂满全脸，然后用遮瑕膏盖在有瑕疵的地方或黑眼圈处。把遮瑕膏或眼部妆前乳涂在上眼睑处。

2. 把浅绿色眼影涂在上眼睑处，并用柔软的晕染刷向眼窝处晕染开。

3. 在眼窝处使用炭黑色/棕色眼影，并向上晕染至眉骨的中间区域。将带闪的金色眼影用在眉毛下方的眉骨处，起到提亮的作用。

4. 上下眼线都使用黑色眼线，并用一把小号刷子晕染妥当。再将深绿色眼影扫在眼线上面定妆，这么做是为了增添眼部及整个妆容的深度和戏剧性。

5. 将睫毛夹弯，然后涂上黑色睫毛膏。

6. 将眉毛梳理妥当，再用眉影或眉笔勾勒眉形，最后用透明的眉膏来定型。

7. 使用古铜粉来突出颧骨，并向上扫至太阳穴。将自然色调的修容粉涂在脸颊凹陷处，增加深度和立体感。

8. 用几乎看不出来的奶油色唇线笔勾勒唇形，用手指或唇刷将其晕染妥当，再将透明唇彩涂在上面。

9. 最后扫一层透明散粉来定妆。

摄影：卢·丹宁
化妆：莉娜·达尔贝克（使用产品为MAC）
模特：艾玛·坎特鲁普（Emma Cantaloup，Union模特经纪公司）

摄影：基思·克劳斯顿
化妆：蕾切尔·伍德（左）（使用产品为Chanel），
兰·阮（右）（使用产品为Lancôme）
发型：亚纳·里米尼（使用产品为Babyliss
Pro、Redken）
造型：卡尔·威雷特
模特：皮帕（Pippa，Oxygen模特经纪公司），凯利
（Kelly，Oxygen模特经纪公司）
紧身连衣裤品牌为Dior（古董），手镯品牌为Freedom

摄影：基恩·克劳斯顿
化妆及发型：兰·阮（使用产品为MAC、
L'Oréal专业护发产品）
造型：卡尔·威雷特
模特：皮帕（Oxygen模特经纪公司）
连衣裙品牌为Lucy Wrightwick，
复古手套品牌为Gucci

20世纪80年代妆容

这个时代的特征就是亚光、浓烈、严肃且富有魅力。20世纪80年代的化妆风格主要体现在突兀的眼妆上，如深深晕染的眼窝还有上下眼线。使用具有力量的红色或艳粉色再加上自然的粗眉来完成整个妆容。

MODERN MILLENNIUM

时尚千禧年

在21世纪的今天，我们没有什么特定的潮流要去追赶，主要从过去得到创意。从这一季到另一季，妆容的重点从一个部位转移到另一个部位，如眼睛、眉毛或嘴唇。要保持极简的妆容，不管你想要的是一个亚光还是散发水润光泽的妆面，拥有好的皮肤很重要。皮肤是时装片拍摄工作中一个关键因素，因为它才是基础，不管你是在上面添加各种色彩，还是加上什么饰品。

妆容的变化多种多样，或冷或暖，或充斥着未来主义，或色彩浓郁而饱和，或柔和而自然，还可以选择在最后定妆，也可以不定妆。化妆师如何上妆及其采用的方式决定了最后的妆效。妆容的关键是要在体现艺术性与打造漂亮、易操作且成功的商业化妆之间保持平衡。

随着新产品的面世，化妆师必须让自己紧跟潮流，并且不断更新对新配方的认识和了解。这样做是为了确保创造的妆容是符合潮流的。你还可以展开想象，将之前总是分开使用的颜色搭配在一起使用，创造有趣而有新意的妆容。比如，亮色脸颊打底霜（如MAC艳粉色腮红）就可以被用在嘴唇和眼部，用来营造一种现代感。

摄影：凯瑟琳·哈伯
化妆：兰·阮（使用产品为MAC）
模特：伊丽兹·巴亚尼（Next模特经纪公司）

千禧妆

这个妆容是兼容并蓄、多种多样的，是将各个时代融到一起的妆容。金属感的眼影膏或油彩、亮片及浓郁的色彩都在发挥着它们的作用。粉底的使用方法变得不一样了，不管是有光泽的粉底还是亚光粉底。这个时期的妆容可以被设计师、造型师、化妆师、杂志编辑、艺术总监，甚至公关机构及名流、明星和音乐界所左右。

1. 为了获得一个干净无瑕的底妆，用底妆刷在全脸涂遮盖力强的粉底。

2. 用眼线刷蘸取黑色眼线胶，上在整个上眼睑直到眼窝的部分。用黑色眼影柔和边界并定妆。注意眼影晕染要妥当。

3. 用一支白色眼线笔画内眼线。然后用白色眼线胶，如MAC纯白（Pure White），从内眼角向外眼角的方向，在下睫毛根部及其下方画出一条白色的粗眼线。

4. 在白色眼线的下方用黑色眼线胶再画出一条眼线，以柔和边界。

5. 只为上睫毛粘贴假睫毛。

6. 整理好眉毛。有必要的话，可以用眉笔或眉影填涂眉毛。

7. 用一款自然色腮红在颧骨下方稍作修容。

8. 使用亚光的红色唇膏涂抹唇部，再在其表面涂一些透明唇彩。

摄影：卢·丹宁
化妆：埃尔赛贝特·谭（Elsebeth Tan）
（使用产品为MAC）
模特：露西·亚克（Lucy Jacques，
Nevs模特经纪公司）

DESIGNER FACES IN THE CITY

城市中的设计师

摄影：卢·丹宁
化妆：纽约独立化妆师培训学校毕业生
（使用产品为Bobbi Brown）
造型：朱尔斯·伍德（Jules Wood）

STREETS OF MANHATTAN

曼哈顿的街道

"城市中的设计师"系列作品以纽约这座城市作为背景，为的是呈现随着季节变化，那些在城市中过着快节奏生活的姑娘们不同的、具有创意的妆容。比如，这张以曼哈顿的街道为场景的照片，就展示了由白天日常转为夜生活的，那种性感又容易打造的妆容，姑娘们的妆容会一直维持到第二天早上。我们创造了不同的场景，而这些场景贯穿整个夜晚直到清晨：姑娘们在街头碰面，然后跟警察发生了一些小口角，最后拿着早餐走在清晨的街道上。

摄影：卢·丹宁
化妆：纽约独立化妆师培训
学校毕业生
（使用产品为Bobbi Brown）
造型：朱尔斯·伍德

出租车

在出租车这个场景中，我们的设定是炎热夏日中的那种"晃眼的灯光+大城市"的妆容。金色的闪粉和亮片及黑色的眼影被用来打造烟熏眼妆。关键在于只将亮片用于眼睑之上，让你在眼眸流转时神采奕奕。还有一点也很重要，那就是一定要使用细腻的亮片眼影，并且在这之前先上一层同色眼影。亮片之下的眼影有助于柔和整体效果，并防止眼妆看上去不够均匀。还可以在眉骨或颧骨上打一些带有光泽的高光产品，来平衡眼妆的亮片。

TAXI

摄影：卢·丹宁
化妆：布里安娜·塞林斯基
（使用产品为Bobbi Brown）
造型：朱尔斯·伍德

纽约的花期

这张摄影作品及接下来几页的摄影作品的主题都是春天，我们通过漂亮的妆容使繁花的色彩更加丰富和完整。该场景描述的是漫步于纽约的鹅卵石街道上，在充满春天气息且富有生气的色调的渲染下，道路两旁的景观看上去更加柔和了。盛开的紫丁香、薰衣草和紫藤花优雅地蔓延了整个街道，鲜艳欲滴的郁金香和水仙花则为我们点亮繁忙的一天。穿过中央公园，身边的树木各不相同，春天的空气清新而又美好。在这里，每天都有新事物诞生，这一切都让人愉快。

春天是开发妆容色彩的完美季节。我们使用Bobbi Brown的彩妆产品，选择了一系列富有生气的颜色来打造优雅精致的妆容。眼妆是关键，它让整个妆容仿佛一朵正在怒放的鲜花。眼影的颜色覆盖整个眼睑并向外延展，模仿鲜花的花瓣。皮肤散发着光泽，显得神采奕奕，仿佛模特的脸庞一直沐浴在阳光之中。因为用的是Bobbi Brown的花瓣粉色腮红膏，所以我们能够在脸颊和嘴唇上营造那种滋润的妆效。

NEW YORK IN BLOOM

123

摄影：卢·丹宁
化妆：布里安娜·塞林斯基
（使用产品为Bobbi Brown）
造型：朱尔斯·伍德

摄影：卢·丹宁
化妆：布里安娜·塞林斯基
（使用产品为Bobbi Brown）
造型：朱尔斯·伍德

I LOVE NYC

我爱纽约

我们使用修容粉和高光粉来打造漂亮、柔和又易于操作的日常妆容。以冬季为主题，在眼部使用了亚光棕色的眼影及带有光泽的金色眼影，另外，还在颧骨和嘴唇中央的位置使用了带有光泽的高光产品。用手指为唇部上一点点玫瑰色的唇彩，再用古铜粉在颧骨处进行修容。在此款妆容中，眼线被省去了——整个妆容的焦点应当是面部结构。

摄影：卢·丹宁
化妆：吉尔·弗里曼
（使用产品为Bobbi Brown）
造型：朱尔斯·伍德

128

RED CARPET

红毯

当你受邀去做"红毯"化妆师或去为名人、明星化妆时，必须要考虑到的情况有很多，因为这个时候化什么妆通常是由名人自己的喜好或他们准备展现的形象来决定的。提前对你的名人客户做一番研究是很有必要的，看看他们是倾向于维持一贯的形象还是喜欢经常改变自己的风格，再看看他们过去的妆容，观察一下他们的整体妆容和造型有哪些地方是你可以改进的。

搞清楚他们要参加的是哪种类型的活动，如果可能的话，还要知道他们参加活动时要穿什么服装。与发型师和造型师交谈，听听他们的想法，并在事前与客户聊聊，了解他想要的是什么。

带上客户的任务清单和打印出来的资料，并针对你准备要做的妆容准备一系列示范图片，这样你就可以直观地把你的想法展示给客户了，注意确保你使用的术语的专业性。你可能会被叫到客户的家里面、某个酒店房间或某间沙龙来完成化妆的工作。不管怎样，在开始化妆之前先为客户做一个简单的美容是个好主意，等上10分钟，让面霜完全被吸收会对你有所帮助。这期间可以让发型师先开始做发型。

你必须在30~60分钟完成你的工作。客户们想要的妆容风格几乎都是迷人又散发魅力的那种，你会经常被要求再现经典的好莱坞妆容，所以你需要知道当时那个阶段以及在其他名人中间什么样的妆容最受欢迎。你还需要知道现在的潮流是什么，并做与发型师同时工作的准备，因为名人们有时会迟到或日程被排得很满，这样留给化妆和做发型的时间就非常有限。记得用相机来检查自己的工作。你所完成的妆容通常需要维持整场活动的时间，而你不可能在稍后做补妆的工作，所以记得带一些小空瓶，这样你就可以分装一些使用的产品给你的客户，以备他们在稍后需要自己补妆时使用。要时刻做好准备，假设你与某位名人合作了一段时间，当被问到时，应该能够立即推荐一些适合他们自己使用的产品。化妆品公司通常会为了与一些名人、明星取得联系而给你一些免费的产品。

将做红毯化妆师的工作看成与拍摄工作一样，因为在活动期间记者们会不停地拍照片。

摄影：基思·克劳斯顿
化妆：桑德拉·库克
（使用产品为Giorgio Armani）
发型：娜塔莎·米格达尔
（使用产品为Kérastase）
模特：霍莉（Hollie，IMG
模特经纪公司）

WORKING WITH AN ACTRESS

与女演员合作

塔姆欣·伊格顿（Tamsin Egerton）

这是一张为杂志 *Urban Life* 所拍摄的照片，照片中的那位是同时身为演员和模特的塔姆欣·伊格顿，她因为在电影《新乌龙女校》（*St Trinians*，2007年和2009年）中扮演切尔西·帕克（Chelsea Parker）这个角色而被大家熟知。杂志希望照片能体现出她成熟女性的一面，而且在如何达到这个效果的问题上有着非常强势的主张。所以团队在拍摄开始之前就开始讨论创意及如何进行合作，每位成员都为完成这组拍摄而提供了自己的想法。讨论内容包括当天的妆容及拍摄的顺序。

摄影： 德兹·麦特（Dez Might）
造型： 泽德-艾（Zed-Eye）
化妆： 乔·休格（使用产品为Dermalogica、MAC）
发型： 扎克·查顿（Nevillle）

EDITORIAL

杂志拍摄

摄影：齐藤莫（Mo Saito）
化妆：桑德拉·库克（使用产品为Becca）
发型：佐伊·欧文（Zoe Irwin，Frank公司）
模特：汉娜（Next模特经纪公司）

LIGHTING & MAKEUP

照明&化妆

要拍出一张高质量的时装大片，需要有太多元素组合在一起。一群策划和艺术指导、优秀的化妆师、准备了正确的服装和配饰的造型师、合适的模特（需要听从指挥并有好的肢体动作）。

一些顶级的时装片模特之所以会成功，是因为他们拥有像空白画布一般的面孔，可以轻易塑造成任何造型。灯光需要经过深思熟虑，并在模特身上进行实际操作和测试，确保它与模特的骨骼构架及形体可以形成良好的互补。

"化妆师是拍摄工作不可或缺的一部分，因为他们为抽象的概念赋予生命，并为模特打造造型、找到感觉。摄影师会利用光线在妆容上的反射来打造精雕细琢的效果。一位有天赋的化妆师也会懂得如何打造完美的皮肤并减少需要补妆的次数，帮助摄影师完成优质的照片。杂志拍摄的妆容通常需要多一些创意，突破界限，运用新风格和新技术，等等。"

卡米尔·桑松
摄影师

"我真的从强烈的妆效中获得了灵感。另外，与fashion156.com合作的拍摄工作中最重要的部分之一就是能与富有创意的化妆师们一起合作。他们中的一些看着模特的脸及其身上的衣服就知道自己对妆容的想法是否可行。有时候最初的想法或创意没有通过，要求他们在几分钟内想出一个同样足够强大的创意并将它概念化。我遇到过太多只想打安全牌的化妆师了。某些（很多）时候对我来说，眼妆、唇妆和脸颊是可以同时抢眼的。先入为主的想法和规则有时候需要被打破！"

盖·霍普维尔（Guy Hopewell）
fashion156.com编辑、创意总监

136

摄影：卡米尔·桑松
化妆：兰·阮（使用产品为MAC）
发型：安德里亚·卡索拉里
模特：凯特·威林（Kate Willing）
蓝色裙子品牌为Inbarspectar，外套品牌为Manish Arora

STYLISTS & MAKEUP ARTISTS

造型师&化妆师

"让我们假设化妆师首先可以做一些基本处理——打造漂亮的皮肤，其次他们真的很有创意。我认为，化妆师应该还同时具备良好的管理能力、一个他们能够信任的团队，以及对潮流的充分了解（不仅仅是美妆界潮流，还包括时装和色彩的潮流）。一名化妆师应该像造型师一样，可以看着一系列服装然后提出多种多样的妆容建议。一个新手化妆师通常会问'你想要什么'，我则希望化妆师可以提供建议，而不仅仅只是听从指挥的人。我可以提供设计师情绪板（Mood Board，指根据要进行的工作针对色彩、图片、影像等资料进行收集，给出关键词，以此作为参考，以帮助设计师明确设计需求和设计方向），从视觉上为团队指出一个大方向，但通常化妆师也会提供他的情绪板。一个美好的故事是以化妆师的视觉作为开始的。然后我就可以根据这个情绪板，对珠宝、配饰的搭配等提出我的建议。

我喜欢一直与同一个团队合作，因为我可以信任他们。我的工作十分多样化，从商业片拍摄到时装秀，所以我需要一位在各方面都有很强的能力的化妆师。他也必须是有风度的。一旦你知道有人做得了这份工作，那么接下来的就全部取决于那个人的性格了——你是否能跟他相处得来，他是否能够适应这份工作。业内有太多优秀的化妆师了，这实际上也意味着他们都有着相似的视角，但是他们是否能为团队做出贡献呢？是否有责任心？一起工作是否有趣？"

丽贝卡·罗伊
时装造型师

摄影：卡米尔·桑松
化妆：兰·阮（使用产品为MAC）
发型：安德里亚·卡索拉里
造型：纳斯林·简-巴蒂斯特
模特：伊莲娜（Oxygen模特经纪公司）
裙子品牌为Bernard Chandran，
手镯品牌为J.W. Anderson，
鞋子品牌为Modernist，
照片中所有发饰均来自造型师的Angels
个人定制系列

蕾丝紧身连体裤为
造型师私人物品，
短裙品牌为Topshop，
手套品牌为Gloved Up

夹克品牌为Louise Amstrup，
连衣裙品牌为Ashish，
项链品牌为Disaya

摄影：卡米尔·桑松
化妆：菲利普·米勒托
（Philippe Milleto，Terri Tanaka公司）
发型：安德里亚·卡索拉里
模特：艾琳（Nevs模特经纪公司）

CHATEAU DE CHANTILLY

尚蒂伊城堡

这一组作品背后的主旨是华丽与堕落，我们在法国的尚蒂伊城堡完成了拍摄，该系列照片也被刊登于法国杂志*Blanc*。

我们为这个系列取名为"逃亡"，描述的是在一次动乱中两个女孩被困于庄园中的场景。这两个女孩虽然看起来衣着光鲜，妆容完美，但如果你仔细观察，就会发现她们似乎是想要冲破这奢华的束缚，获得自由。这次拍摄的造型及选择的地点都是高端而又隆重的，所以妆容也必须与之匹配，所有的一切都应该富有光泽。我们使用Chanel品牌2013年春/夏Les Beiges系列的美妆产品，打造出深红色及樱桃色的唇部，脸颊上的一抹腮红，以及最关键的光泽肌肤，再搭配20世纪20年代风格的烟熏眼妆。随着拍摄的进行，我们为妆容又增加了一丝戏剧性，让皮肤变得黯淡一些，然后为脸颊和眼部增加更多的色彩和光泽，甚至最后还给模特点上了美人痣来完成整个妆容。模特的造型、妆容、发型与拍摄场所、灯光完美契合。

制作人：亚纳·里·米尼（Jana Ririnui）
化妆：米歇尔·韦布（Michelle Webb）（使用产品为Chanel 2013年春/夏Les Beiges系列）
产品助理：布里安娜·塞林斯基，艾米·麦克唐纳（Amy Macdonald）
摄影：托马斯·奈茨（Thomas Nights）
造型：奥利弗·沃恩（Oliver Vaughn）
时装助理：弗朗西斯·尼（Frances Knee），仙黛尔·詹姆斯（Chantelle James）
发型：让·普泽米克（Jan Przemyk）
模特：安娜塔西亚（Anastasia），罗拉（Laura）

安娜塔西亚（左）
连衣裙品牌为Marina Quereshi
帽子品牌为Atsuko Kudo
鞋子品牌为Ursula Mascaro

劳伦（右）
连衣裙品牌为Roberto Cavalli
珠宝品牌为Fope Gioielli
手套品牌为Corlette
鞋子品牌为Miu Miu

 左页
劳伦（Lauren）
连衣裙品牌为Christian Dior
头饰品牌为John Rocha
手套品牌为Hasan Hejazi

 右图
劳伦（左）
连衣裙品牌为殷亦晴（Yiqing Yin）
包&鞋子品牌为Christian Louboutin
项链品牌为Fope Gioielli

安娜塔西亚（右）
连衣裙品牌为Felder Felder
鞋子品牌为Christian Louboutin
项链品牌为Lola Rose
戒指品牌为Joubi

左页

连衣裙品牌为Bibi Bachtadze

安娜塔西亚（左）
鞋子品牌为Manolo Blahnik
头饰品牌为Omiru
耳环品牌为Lanvin
项链品牌为Bottega Veneta

劳伦（右）
眼罩品牌为Soft Paris
鞋子品牌为Ursula Mascaro
珠宝品牌为Delphine-Charlotte Parmentier

上图

头饰品牌为Atsuko Kudo

劳伦（左）
连衣裙品牌为Nina Naustdal Couture
项链品牌为Delphine-Charlotte Parmentier
鞋子品牌为Manolo Blahnik

安娜塔西亚（右）
连衣裙品牌为Luisa Beccaria
手套品牌为Aspinal
项链品牌为Isabel Marant

安娜塔西亚（左）
连衣裙品牌为Katya Shehurina
项链品牌为Isabel Marant
头饰品牌为Lara Jensen
腰带品牌为Felder Felder

劳伦（右）
连衣裙品牌为Carven
头饰品牌为Atsuko Kudo

BEAUTY *EDITORIAL*

美妆杂志拍摄

POST-PRODUCTION

后期制作

摄影师的工作已经不仅仅是站在镜头后面捕捉画面了。当所有人一天的工作都已经结束时，摄影师则必须开始后期制作的工作。后期制作是一系列工作的统称，工作内容就是要将当天用相机拍摄的原片精雕细磨成我们在杂志上看到的光彩熠熠的图片。

第一步便是选片。一天下来拍摄的照片可能会有几百张，而且通常照片与照片之间的差别小之又小，所以要从中筛选出最好的几张工作量非常大。包括发型师、化妆师和造型师在内的工作团队也许可以在这个过程中提供帮助，将选择范围缩小到一定程度。一旦选出最终照片，接下来就要修图了，也就是对图片进行调整以达到完美的效果。

修图

在杂志和广告拍摄中，修图是一个被广泛标准化的常见工作环节，为的是去除皱纹、凹凸不平及痘痘等皮肤瑕疵，有时候还会用来伸展模特的形体，让模特变得苗条且看不到赘肉，最后得到一张比真人更完美的美人图。

修图还可以让一些小问题得到修正。如模特嘴角的唇膏有些晕开了，或有几根头发需要拨开，又或是睫毛膏有打结的地方，都可以通过修图解决。有了修图这个环节，有时候也会造成化妆师工作上的马虎，因为有些化妆师可能会觉得自己没必要努力做到尽善尽美了。

尽管修图是摄影师的责任，但是化妆师也应该去看看那些照片，确定看到照片时自己是开心的，确定最后得出的结果的确表达出了自己的想法，以及自己化的妆没有被完全修改掉。

摄影：卡米尔·桑松
化妆：兰·阮（使用产品为Dior）
发型：光崎邦生（Kuni Kohzaki）
模特：丹尼尔·福斯特（Danielle Foster）

ADVERTISING

广告拍摄工作几乎都离不开化妆师。举个例子，在Nike广告中男运动员眉毛上挂着汗滴的样子，或是玩具广告中小女孩的辫子，这些都是化妆师的杰作。

从电视上播出的商业广告到排行榜上的海报，在这些作品的拍摄过程中，都会有化妆师来确保被拍摄的人展现了他们最好的一面。化妆师会根据"资质"（模特或演员的定位）化出不同效果或类型的妆，这是非常具体的工作。妆容不仅要适合广告的故事内容，还要适合广告的产品。

广告

摄影：卡米尔·桑松
化妆：兰·阮（使用产品为Lancôme）
发型：马克·伊斯特莱克
造型：夏伊拉·哈桑
模特：萨布丽娜（Next模特经纪公司）
连衣裙品牌为Bora Aksu

COLOUR EFFECTS

色彩效果

此处这个妆，是我们为Kryolan专业化妆品的广告设计的妆容。在开始设计之前，我们必须先对这个品牌进行研究：品牌的顾客群是什么样的，这个品牌代表了什么。Kryolan是一个专门为剧院、电影拍摄及电视节目拍摄生产彩妆产品的公司，他们也为美容行业提供产品。

在广告拍摄工作中，你一定要预备几种不同类型的妆容，以防最初的那个创意不能实现。问问你自己，需要的是自然妆还是浓妆，还有应该选择哪些产品来宣传品牌。让妆容达到平衡点从而能够吸引顾客很重要，也就是说你应该知道用什么来突出形象。有时候广告会被调整得更加能够凸显形象，但是依据品牌目标来展现其最真实的一面也很重要。

皮肤一旦做好准备，就可以用强力遮盖的粉底打造无瑕的美肌效果了。为了保持脸颊的柔和感，可以使用色彩鲜艳的腮红来修容，将它轻轻扫在脸颊上即可。眼妆则用色彩浓郁的油彩颜料，将不同颜色按照不同区域涂在上眼睑，各个颜色都涂成实心，用以展现颜料的真实色彩。在眼窝处用另一种显眼的颜色晕染，可以让眼睛看起来更大。眼妆要体现的就是浓郁的色彩和图形感，不需要做任何晕染，因为晕染会让颜色变得柔和。

相当浓的眉毛让妆容看起来更加现代，也为妆容增添了图形感。嘴唇也使用了纯色唇膏，作为整体妆容的一个补充，之后再加上着色度较高的唇彩，使其看起来更加现代。我们在脸部的不同区域使用了不同的色彩，还在拍摄时用了不同角度来展现妆容的多样性。

摄影：凯瑟琳·哈伯
化妆：兰·阮（使用产品为Kryolan）
模特：加布里埃尔·D（Premier模特经纪公司），拉瑞莎·H（Premier模特经纪公司）

161

摄影：卡米尔·桑松
化妆：兰·阮（使用产品为
Shu Uemura）
发型：安德里亚·卡索拉里
模特：汉娜（Next模特经纪公司）

CONCEPTUAL

概念妆

先锋派妆容就像人类的想象力那样没有极限，要的就是鼓励你打破边界，跳出固定的框架去思考。这类妆容最好的例子可以在巴黎高级定制时装周的秀场上找到。设计师约翰·加利亚诺（John Galliano）和让-保罗·高缇耶（Jean-Paul Gaultier）是引领此类妆容风潮的两位主要人物。

许多服装设计师都通过展示作品来证明他们的独特性及个人优势。很多时候，他们的服装被认为更像是可以穿在身上的艺术品。因此，妆容设计作为服装的辅助，也被看作是古怪和美好的艺术作品。

这些妆容的设计概念、色彩的运用方式和涂抹的位置，都会影响到商业市场，也会启发一些新的彩妆产品的研发和推出。一些品牌，包括Charles Fox、MAC及Shu Uemura，就时常为专业化妆师们提供有趣的彩妆创意。这样不断的发展就意味着你的创意也变得没有了限制。

时装秀还可以引领未来的潮流和先锋派杂志。*Numero*、*10*、*Dazed & Confused* 和 *Pop* 等高端时尚杂志，往往会从时装秀中得到启发，然后转而为大众造型提供灵感。他们甚至会为美妆和造型界提供更有创意的图片和新样式。

摄影：佐伊·巴林
化妆：桑德拉·库克（使用产品为MAC）
发型：娜塔莎·米格达尔（使用
产品为Bumble & Bumble）
模特：亚历克斯·C（Alex C，IMG模特经纪公司）

摄影及发型：德斯蒙德·穆雷
（Desmond Murray）
化妆：乔·休格（使用产品为
Carolyn Roper）
造型：萨姆斯·索伯耶
（Samson Soboye）
模特：阿尼·格里戈里安（Ani
Grigorian），露西·弗拉沃
（Lucy Flower）

摄影：凯瑟琳·哈伯
化妆：菲利普·米勒托（使用产品为MAC）
发型：安德里亚·卡索拉里
模特：伊丽兹（Iliza，Next模特经纪公司）

THROUGH THE WORMHOLE

穿梭虫孔

在该系列作品中，我希望能够将化妆带入未来世界——既然科技都在发展，那么化妆为什么不呢？我一直很爱古怪又疯狂的妆容，我会在质地和光泽上下工夫，让某个人变成一件行走的艺术品，所以当我在为此次拍摄进行头脑风暴时，我就知道我希望这组作品是非常棒且富有影响力的。我们决定将光线和激光用在妆容之上及背景之中，将科技带入应用的过程之中。

故事被命名为"穿梭虫孔"，因为模特看起来就像是要被送往未来一般，那里的一切都是超现实主义的。我使用了大量的颜料和染色产品，希望通过鲜艳的色彩来改变其特征，使其卡通化。这个妆容看起来还有一些结构主义和不完美在里面，有时候这样的状态才更漂亮。

一旦完成了基础妆容，我们就让彩色的光线及激光闪耀于模特的面部，以此来营造深度，并为妆容增加后现代主义的味道。

米歇尔·韦布

摄影：坦奥苏·赫雷拉（Tanausu Herrera）
化妆：米歇尔·韦布

化妆：米歇尔·韦布
摄影：坦奥苏·赫雷拉

摄影：坦奥苏·赫雷拉
化妆：米歇尔·韦布

摄影：卡米尔·桑松
化妆：兰·阮（使用产品为MAC）
发型：马克·伊斯特莱克
（使用产品为Bumble & Bumble）
造型：夏伊拉·哈桑
模特：萨拉·阿莫斯（Sara Amos，
INC模特经纪公司）

左
蓝色连衣裙品牌为Bernard Chandran
首饰品牌为Erickson Beamon

中
金点网眼上衣品牌为Topshop
桃子色衬衣为造型师私人物品
短裙品牌为William Tempest

右上
黑色连衣裙品牌为William Tempest
首饰品牌为Erickson Beamon

右下
深蓝色马甲品牌为Modernist
奶油色短裤品牌为Bernard Chandran
首饰品牌为Erickson Beamon

所有发饰品牌为Marc Eastlake

萨尔瓦多·达利
（Salvador Dali）

摄影及造型：卡米尔·桑松
化妆及造型：兰·阮（使用产品为MAC）
发型：安德里亚·卡索拉里
模特：汉娜（Next模特经纪公司），克劳
迪娅（Nevs模特经纪公司）

摄影及造型：卡米尔·桑松
化妆及造型：兰·阮（使用产品
为MAC、L'Oréal专业护发）
模特：克劳迪娅（Nevs模特经纪公司）

摄影及造型：法布里斯·拉克兰
化妆及造型：兰·阮（使用产品为MAC）
发型：马克·伊斯特莱克（使用产品为
Bumble & Bumble）
模特：蕾妮·曼斯布里奇（Renee
Mansbridge）

BODY ART 人体艺术

人体艺术是最古老的艺术形式之一。在历史上，身体彩绘是世界上许多古老部落的传统，他们使用不同的材料在身体上作画，如彩泥或木炭。这种艺术形式如今已成为一种主流，在很多媒体中都会用到，如广告、专辑封面及时装秀。

人体彩绘是一个竞争日渐激烈的行业。在接受任何专业性工作之前，都需要先掌握相关技能，因为高质量的工作是不可能轻而易举就完成的，那需要大量的练习。要了解颜料的局限性，同样也要了解你自己的能力。完成一件作品，从最初提出概念到设计最终被敲定，整个过程你都要跟客户共同完成。这么做有利于确保你正在做的事情是依照计划来的，这样你就会对这份工作产生信心，最终完成一件出色的艺术品。如果你希望得到回头客，那就记住，每一次工作都要像上一次那样出色完成才可以。

技术和设备

人体彩绘主要有两种技术：一种是用刷子和海绵进行彩绘，另一种是使用空气喷枪。刚开始最容易上手的方法是使用几把刷子、几块海绵和脸部用颜料。一个工具箱中最基本的配备应当包括原色和中性色的颜料，如黑色、白色、红色、黄色和蓝色。你不会想要花费自己所有的时间来调色的，所以绿色、紫色、粉色、橘色、灰色和棕色也会是让你得心应手的主要颜色。

刷子

在选择刷子时尽量找那些刷毛够密的，这种刷子比较不容易在涂抹过程中留下痕迹。下面是工具箱基本配备的一些选择。

- 一把刷头有曲线的刷子，用来画平滑的线条。
- 一把扁平的平边刷子，用来画边界清晰利落的线条。
- 一把大号的扁平刷子，至少要5cm宽，用来快速完成一些较大区域的绘制。
- 一把中号的平边刷子。
- 一把小号平边刷子，刷头呈直角矩形，用来画直线和干净利落的勾边。
- 一把尖头刷子，用来完成细节绘制，也用于画由粗变细的线条。
- 脸部彩绘用海绵，这种海绵便于将颜色在皮肤上晕染开，还可以用来在彩绘中遮盖内裤，或用来画一些棘手的部位，如眼部周围。

所用颜料

身体用颜料是依据严格的规定制作而成的，它们必须无毒且不会引起过敏。因为这些颜料都需要先与水融合再使用，因此你会发现，当你想要叠画颜色时，它们可能会晕开来互相混合在一起。举个例子，如果你要在黑色背景上面画白色的细节图案，很快就会发现那些白色图案变成了灰色。反之，将深色叠在浅色上则要容易许多。必要的时候，你也可以喷固定剂或强力发胶来固定底层的颜色，这么做可以有效解决颜色晕染的问题。

喷枪

要买齐所有基本设备会花费很多，但是有些工具可以达到使用刷子没办法实现的效果。全套喷枪工具包括一个压缩机、一把喷枪及特殊颜料。当你需要大量模板喷绘，以及想要晕染出柔和的高光或阴影部位时，喷枪会是非常有用的工具。

使用喷枪时，可以先按下控制杆以产生气流，然后收力，松开控制杆以释放颜料。按下控制杆时力度越轻，气流就越温和；而收力越多，释放的颜料也就越多。

一旦你习惯了喷枪的操作方式，就能够用它画出像头发那么细的线条，或晕染出完美的背景了。你还可以用丙烯在便宜的画布上练习，以便提高自己的技术。有机会的话可以找一位模特来在其身上练习，这样你才能习惯在一块活的、会喘气的、有时候还会移动的画布上工作。

与模特合作

当你在计划一项彩绘工作时，应首先考虑想以什么顺序来完成。身体上的颜料干掉之后，轻触并不会导致掉色，但如果产生摩擦则不然。与一位女性模特合作时，最好先将她们的胸部画好，这么做会让她们觉得没那么暴露，也会感到自在许多。

身体的一些特定部位，如嘴、手还有臀部，先别涂任何颜料或画细节图案，因为最细致的身体彩绘需要花上3到6个小时完成，在这期间，你的模特很可能会需要坐下休息、吃点东西、喝水或是上洗手间。

模特一动不动地站那么久会感到很辛苦，所以你一定要准备一些随手可以拿得到的甜点和饮品来保障她们的体能。某些模特可能会担心经常去洗手间容易蹭坏了彩绘而不想喝水，这个时候你一定要让她安心，告诉她比起她晕倒导致不得不清除一整片部位的彩绘并且重画，只补画弄花的一小部分要轻松得多！

摄影：乔治·库赫勒（George Kuchler）
化妆：卡洛琳·罗伯（Carolyn Roper）
（使用产品为MAC）
模特：卡洛琳·罗伯，克雷格·特雷西
（Craig Tracy）

摄影：凯瑟琳·哈伯
化妆：兰·阮（使用产品为MAC）
镂空喷绘：卡洛琳·罗伯
发型：安德里亚·卡索拉里
模特：凯特·威灵
发饰品牌为多米尼克·艾文

模板喷绘雪花

这里运用模板喷绘来打造被困在雪花水晶球之中的女孩的形象，只不过雪花没有在她周围飘落，而是出现在了她的皮肤上。用模板喷枪将白色发胶喷在皮肤上来达到喷枪彩绘的效果，然后使用Duo睫毛胶将亮片粘在雪花上面。再将粉色、珍珠色及薰衣草色的眼影扫在模特的脸上，以打造冷感妆容。除此之外，我们还在MAC脸部及身体粉底中混入了MAC晶亮润肤乳，以使其颜色变浅。

摄影：基思·克劳斯顿
化妆：蕾切尔·伍德（使用产品为MAC）
模板喷绘：卡洛琳·罗伯
发型：法比奥·薇薇安
模特：茵芙里德（mandpmodels模特经纪公司）

CONCEPTUAL BODY PAINTING

概念身体彩绘

这幅身体彩绘是对装饰艺术的现代化诠释，灵感来自波兰艺术家塔玛拉·德蓝碧嘉（Tamara de Lempicka）的作品。彩绘依照整个身体的立体形态和线条来完成，图中的色彩和主要人物则取自塔玛拉·德蓝碧嘉的画作。创作这件作品时，主要使用了Kryolan的水彩颜料搭配气流喷枪颜料，一些简单的同色系彩妆产品也被用作辅助工具。创作者运用含有细微闪光颗粒的凝胶勾勒两个角色纤细的身体线条，这种胶还被用来勾勒脸部轮廓。最后，用水凝乳香身体胶在模特眼部和颧骨周围粘上水晶，完成整幅作品。以下步骤适用于所有身体彩绘的创意。

1. 设计图案时要记住，你的主要绘画区域是身体躯干的前片和后片，所以这些地方将是绘制主要细节图案的部位。胳膊和腿则适用于创意性的颜色晕染。

2. 一定要在最开始用作品的主色画出基本轮廓。这么做可以让你更容易弄清楚不同颜色应该从哪里开始画，以及到哪里结束，也可以让你对其他颜色的布局不那么困扰。

3. 一旦完成了基本线条的绘制，就要开始打底。记住一定要把颜料混合成奶油般柔滑的稠度，这样才能确保底色不会留下涂痕。当底色打好之后，你就可以开始画细节图案了。

4. 随着时间的增长，身体上的颜料可能会互相晕染，这么一来彩绘就会看起来没有生气了。所以你应该从打阴影开始，把高亮的部位留到最后来完成。在画细节图案之前，可以先在底色上面喷一层防渗剂，这是防止颜色晕染的最好方式。

5. 喷枪可以用来画出漂亮、柔和的高亮和阴影，也可以在最后阶段用来为画面增加真实的立体感。

• 为了避免明显的衔接痕迹，在大片区域（如胸前和后背）喷绘时，一般从身体的一侧开始喷，然后在另一侧结束，这样就把衔接的位置留在了身体的侧面，可以让客户和摄影师不去注意到它。

摄影：卢·丹宁
化妆：卡洛琳·罗伯（使用产品为Carolyn Roper）
模特：费姆克（Femke，Nevs模特经纪公司）

186

摄影：法布里斯·拉克兰
化妆：卡洛琳·罗伯（使用
产品为Mehron）

COLLABORATING

合作

与化妆师合作的情况不尽相同，这主要取决于工作内容。举例来说，当我为英国发型大赛拍摄时，重心会更多地放在发型上，所以我的感受就是在与一个团队和情绪板共事。情绪板往往会决定整个拍摄内容的感觉，所以一定要确保化妆师、摄影师、时装造型师及发型师是在看着同一份乐谱来合唱。有时发型师会很清楚需要从化妆师那里得到什么效果，有一些时候则并不确定，所以化妆师就会在妆容的设计上投入更多。

有时候在一个发型片的拍摄工作中，大家对于要用怎样的妆面来搭配发型可能并不十分明确，遇到这种情况，化妆师要么就会提前一天做准备，要么就会提早一些到现场来尝试各种妆面，看看哪种最合适。这类工作会为个人的创意和自由发挥留出足够的空间。

时装拍摄则完全不同，尤其是试拍。每个人都在自己的领地中做尝试并不断打破界限，但是团队看的是整体造型——与某个人无关，这是一个集体效应。

拍摄时装秀时，人们关注的焦点就会在服装上。在时装秀之前都会有一次试装会，在那里，发型师和化妆师会在某个模特身上实施自己的想法，然后给服装设计师看是否可行。如果服装设计师对结果满意，那么各个团队的负责人就会回到自己的团队，用这个示范给团队成员作报告。这个工作通常需要迅速完成，所以只有很少的时间来准备，而且通常需要发型师和化妆师同时工作。化妆师要懂得如何配合发型师完成工作，反之亦然。

当工作的对象是一位名人时，他通常会对自己的形象提出要求，所以你必须与化妆师和造型师保持沟通。关键取决于这位名人想要的效果是什么，以及要为他打造什么样的整体形象，所以可能你要做的只是再现他已有的风格，而非重新创造一个新风格。

德斯蒙德·穆雷
著名摄影师、发型师

摄影及发型：德斯蒙德·穆雷
化妆：乔·休格（使用产品为MAC和Kryolan）
模特：苏菲·威林

造型创意

在这个系列图片中，模特一身黑色出现，看起来就好像剪影似的，身体上还有一些反光发亮的部位。在考虑了是否应该使用黑人模特之后，化妆师最终决定通过使用彩妆产品来完成造型。要做的首先就是试验不同的材料。

1. 模特的脸上使用了MAC雾面无瑕粉底，这是一款亚光、遮盖力中等的粉底。同时还用了MAC专业修容产品完成了修容。高光部分则用的是明彩笔。

2. 眼妆的内眼线用的是黑色眼线笔，并在上眼睑画出烟熏的效果，眼窝处使用了黑色眼线胶和亚光黑色眼影。

3. 上睫毛加了假睫毛，下睫毛和眉毛则用黑色眼线胶来加强。

4. 嘴唇的颜色被完全遮住，然后在上面用了高亮的荧光粉。

5. 接下来我们让模特换上黑色丁字裤和乳贴，这样可以让她感到自在一些，并且在工作结束后只需将它们扔掉即可。手边还放了一件一次性浴袍，用来给模特保暖。在开始彩绘前为身体使用了Charles Fox的护臀霜来打底。

6. 用海绵将Kryolan的黑色油彩涂满整个身体，然后用人造毛刷子将颜料涂均匀；脸部也使用了油彩来画出轮廓。手和脚都留到最后才完成。

7. 拍摄结束之后，使用了卸妆霜和婴儿油来卸除油彩；水和肥皂只会让颜料变得更加难以卸除。

• 模特身上是不可以有体毛的，否则会穿帮。在进行人体彩绘之前，一定要确保模特已经除过毛。

UNDERWATER

水下拍摄

在很多不同的拍摄工作中可能都会需要用到防水彩妆产品。也许是在海滩上或游泳池中的拍摄，也许是在为拍摄电影所准备的水箱中。大多数情况下，模特都需要在完成一次完整的水中拍摄后才可以补妆。

跟水打交道是没办法预知结果的，要猜到化妆品遇水后皮肤会看起来如何或反应如何并不是那么容易，所以要准备好做些改变。与防水彩妆打交道的关键在于上妆的过程和手法，以及上妆之后是如何定妆的。关键在于所有暴露在外面的皮肤都得涂粉底或防水产品。最后用定妆喷雾或粉来定妆，这可以使妆面在水中维持得更久。有时候喷几下发胶也可以达到同样的效果。

水有可能会反光，这取决于拍摄的类型，还有可能会改变皮肤的颜色，让模特看起来像被洗过似的或是略显苍白。在比较深的水箱中拍摄时尤其如此。为了防止这种现象出现，并达到最好的拍摄效果，请使用膏状及颜色浓郁、鲜艳的产品来完成妆容。还可以通过将彩色眼影粉混入其他材料中来获得长久持续的妆效，但是这个妆维持一整天的话会有裂痕出现。

摄影：法布里斯·拉克兰
化妆：兰·阮（使用产品为MAC）
模特：凯特·威灵
化妆助理：凯利·门迪奥拉（Kelly Mendiola），卡拉·B（AOFM经纪公司）

ADORNMENT

一直以来，各个国家的化妆行业都在各种不断的尝试中向前发展。如果你试着在皮肤上添加饰品，使用混合颜料和色彩，你就可以打造出面具一般的妆效。这种妆面在创意杂志和珠宝广告中很常见。在这种情况下，脸部和珠宝首饰就是整张图片的重点。

有很多可选的素材可以加在脸上，从而让妆容变得有趣，如布料、珠子、水晶、羽毛及大多数的手工艺材料。水晶会为妆容增添一抹魅力，在眼部周围稀疏地加上几颗水晶的做法在某些特殊场合也是可行的。为了达到最好的效果，一定要控制胶水的用量，因为胶水太多会让水晶在皮肤上移位，使整个妆面变得一团糟。Duo黏合胶就可以用来在皮肤上粘贴这些素材，因为这是一种安全又容易卸除的胶。

装饰

摄影：卡米尔·桑松
化妆：兰·阮（使用产品为MAC、Swarovski）
模特：伊达（Ida，Oxygen模特经纪公司）
珠宝：路易·马瑞特（Louis Mariette）

使用亮片

跟亮片打交道难免会有些麻烦和棘手——松散的亮片和颜料会在皮肤上粘住一会儿，但最终还是会掉落在脸上，粘贴时间的长短取决于亮片的用量。

如果要在眼部周围加用亮片，可以先在皮肤上涂一些眼影膏、油彩或任何质地湿润的产品，然后就可以直接用手指或扁平眼影刷将亮片叠加在之前涂好的产品上面了。还可以将亮片事先混合在其他产品中，如将亮片混入眼线胶中，然后涂在小范围的皮肤上面，如眼睛下方。对于眼部周围的大片区域来说，选用脸部和身体通用的乳液会更容易推开，也更容易让亮片混入乳液中，以便打造金属质感的妆容。这类乳液的湿润度可以维持得更久，因此可以通过一层一层地叠加产品来掌控亮片的密度。如果想清除皮肤上的亮片，可以使用水溶性洁面产品，如Lancôme眼唇卸妆水（Bi-Facil）或婴儿油。

自然妆效

要想使眼部周围达到一种自然的闪亮效果，可以将亮片轻轻点在底妆上，然后在内眼角的位置点更多的亮片，以达到提亮的效果。一些颗粒极细的亮片还可以用在颧骨处，以起到高光的作用。

迪斯科妆

若想得到左上图片中那样的聚会妆，首先要确保打底眼影的颜色够浓，然后将眼影晕染在上下眼睑。在整片区域涂一些用来混合亮片的媒介产品，然后迅速将彩色亮片粘在上面。也可以一点一点地慢慢将亮片加上去，从而掌控亮片的量。

- 可以使用美纹纸胶带将落到脸上的亮片清理掉。

- 在上粉底之前先完成眼妆可以节省时间，也可以避免将底妆弄脏。

🔘左🔘页

摄影：卡米尔·桑松
化妆：兰·阮（使用产品为MAC）
模特：奥尔加（Olga，Profile模特经纪公司）
帽子品牌为Louis Mariette

🔘本🔘页

摄影：凯瑟琳·哈伯
化妆：兰·阮（使用产品为MAC）
模特：加布里埃尔·D（Premier模特经纪公司）

摄影：卡米尔·桑松
化妆：兰·阮（使用产品为MAC）
造型：纳斯林·简-巴蒂斯特
模特：伊莲娜（左）（Oxygen模特
　　　经纪公司），凯特·威灵（右）
　　　（Oxygen模特经纪公司）

WORKING WITH DIAMANTÉS

与人造钻石打交道

使用人造钻石会让脸部更引人注目。但是从拿起一颗人造钻石到将它粘好，绝对是一个漫长的过程——诀窍是使用质量好的镊子。而且要记得选择背面扁平的人造钻石，否则会没办法把它粘在皮肤上面。

为了节省时间，在开始这个工作之前最好先确定自己的设计已经经过了深思熟虑。粘人造钻石应该在完成妆容其他部分之后，也就是放在最后一步来进行。请事先标出准备粘贴的位置，如果你准备使用不同颜色和大小的人造钻石，这一步骤就显得格外重要。在眼睑上放一块大的人造钻石可能不是一个好主意，因为这么做会妨碍到眼睑的活动，让眼睛看起来没精打采、昏昏欲睡。如果要使用彩色的人造钻石，则最好先用类似颜色的化妆品在皮肤上打底，这么做能让最后的效果看起来更实在，因为人造钻石之间的缝隙可能会露出皮肤，还有可能会显得不够整齐。但如果你想要表现的就是对比的效果，就不用担心这一点了。

如何粘人造钻石

最好使用干燥后会变成那种有弹性的橡胶质地的透明黏合胶，如Duo黏合胶，这种质地的黏合胶便于调整或取下粘在皮肤上的人造钻石。而含有酒精的胶变干速度很慢，还会刺激皮肤。在托盘或你的手背上挤一点胶，然后用镊子夹起一颗人造钻石，用人造钻石扁平的那面轻轻蘸一下胶。只需要蘸一点胶即可，因为太多的胶会弄得到处都是，还会使得人造钻石在皮肤上移位，很难让它固定在正确的位置上。在粘好第一颗人造钻石后，请继续将其他钻石一颗挨一颗地粘好，因为这么做可以确保它们排列整齐，分散均匀。一直用这种方法操作，直到将人造钻石全部粘好。

翻页左
连衣裙品牌为Richard Sorger
皮革花朵发饰品牌为Erickson Beamon
皮革项圈品牌为Renush

翻页右
发饰品牌为Louis Mariette
夹克品牌为Louis de Gama
项链品牌为Raris、Swarovski水晶
项链（戴在手腕上）品牌为Erickson Beamon
戒指品牌为Erickson Beamon、Swarovski水晶

摄影：凯瑟琳·哈伯
化妆：兰·阮（使用产品为MAC专业系列）
化妆助理：埃尔赛贝特·谭，纱卡·P
发型：蒂姆·弗塞顿（Toni & Guy，使用产品为 Label M）
造型：丽贝卡·罗伊
模特：瑞亚（Rea，Premier模特经纪公司），拉瑞莎·H
（Premier模特经纪公司）
场地：Inc 空间
连衣裙品牌为Yan To，
项链品牌为Raris，
手链品牌为Bex Rox

本页
水晶眼饰品牌为Louis Mariette
皮革上衣品牌为Louis de Gama

右页
连衣裙品牌为Bryce D'Anice Aime
帽子品牌为House of Flora
戒指品牌为Bex Rox、Swarovski
项链品牌为Erickson Beamon

TOOLS

工具

化妆师的工具箱不仅囊括了彩妆产品，还会摆放着一系列工具。这些工具是便于化妆师更好地完成工作的必备品，也保证了彩妆产品的使用方法正确。

睫毛夹

这是化妆师工具箱里的一件基本物品。睫毛夹应该在使用睫毛膏之前使用，而且为了达到最佳效果，夹睫毛的时候睫毛夹越靠近眼睑越好（但是注意不要夹到皮肤）。能加热的睫毛夹也很好，可以用来对付又硬又直的睫毛；也可以用吹风机加热金属睫毛夹。但在正式使用之前请务必先在胳膊内侧的皮肤上试一下温度。最受欢迎的睫毛夹品牌是Shu Uemura，这个品牌还推出了迷你睫毛夹，非常适合用来夹零散而顽固的硬直睫毛。

镊子

除了修眉，镊子还可以配合乳胶，如Duo睫毛黏合胶，在粘假睫毛的时候使用。化妆师还会用镊子和Duo黏合胶配合来在脸上完成复杂的叠加工序，如粘水晶、珠子及羽毛饰品等。

美纹纸胶带

美纹纸胶带用来去除落在脸上或衣服上的亮片非常方便，需要在脸上画出精确的直线或图形的时候也可以使用。

化妆包

携带一位专业化妆师所有必需工具和产品的最佳方法，是使用带轮子的箱子。不仅因为它可以装下所有的化妆箱（包括备用的），也因为它可以减轻你移动

时的负荷，且更加安全和方便。大部分化妆师都会将他们的化妆箱进一步划分成一个个化妆包，好将类似的产品放在一起。这样就可以一下子看到各类产品，并且知道如何迅速找到要用的产品了。

其他必需品

在配置齐全的化妆箱中，你还需要放入一些一次性产品在里面，如纸巾、棉棒、棉片、湿纸巾（用来清洁手和箱子）等。还有最基本的脸部用湿纸巾，以备在需要快速卸妆时使用。

摄影：卡米尔·桑松
化妆：兰·阮（使用产品为Shu Uemura）
模特：艾琳（Nevs模特经纪公司）

化妆刷

化妆刷可能是一个化妆师的工具箱内最重要的工具了。不仅因为它们可以帮助化妆师更精准地使用彩妆产品，还可以帮助化妆师通过晕染和擦除彩妆产品来达到想要的效果。一系列化妆刷有不同类型的刷毛质地、尺寸和形状，可用于不同的上妆过程。彩妆产品的成分决定了应该使用哪一把刷子。大部分化妆师都拥有一大堆化妆刷，有时候针对最爱用的某把刷子，甚至会备有好几把相同的。

清洁化妆刷

在上妆间隙清洁化妆刷是必要的工作，这么做既可以清除刷子上的彩妆产品，也顺便给刷子消了毒。一款含有酒精成分的化妆刷清洁剂（如异丙醇）非常方便，它能够立即杀死90%的细菌并在几秒钟内迅速干燥，方便化妆师再次使用。

以下所有化妆刷均为AOFM
出品的专业工具

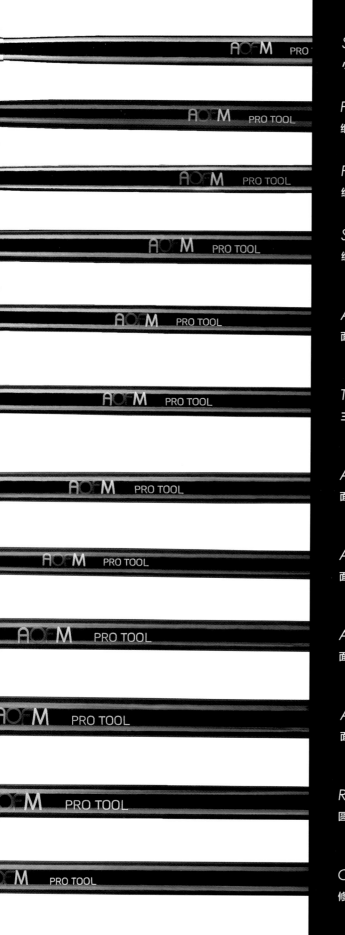

SMALL CONCEALER BRUSH *(synthetic)*

小号遮瑕刷（人造毛）：用于遮瑕、上眼线液。

FINE BROW BRUSH *(synthetic)*

细眉刷（人造毛）：可以画出棱角分明或形状自然的眉毛。

FINE LINE BRUSH *(synthetic)*

细眼线刷（人造毛）：用于上眼线液或眼线胶。

SPOT CONCEAL BRUSH *(synthetic)*

细节遮瑕刷（人造毛）：用于上唇膏，或用于斑点及特定区域的遮瑕。

APPLICATION BRUSH 5 *(natural)*

面刷5号（天然毛）：用于在小范围内上眼影，也可以在眼角处加亮片或打阴影。

THREE-IN-ONE BRUSH *(synthetic)*

三合一化妆刷（人造毛）：用于细节遮瑕、上眼线液和唇膏。

APPLICATION BRUSH 4 *(natural)*

面刷4号（天然毛）：用于精确地上粉和眼影，尤其是颜色比较浓重的眼影。

APPLICATION BRUSH 3 *(natural)*

面刷3号（天然毛）：稍宽的刷头可以用来给整个眼睑上重色眼妆。

APPLICATION BRUSH 2 *(natural)*

面刷2号（天然毛）：用于精确地上粉和眼影，或颜色比较浓重的眼影。

APPLICATION BRUSH 1 *(natural)*

面刷1号（天然毛）：较宽的刷头可用于上颜色偏重的眼妆。

ROUND TIP BRUSH *(natural)*

圆头刷（天然毛）：用于在眼影笔之后晕染出烟熏效果，也可以用于晕染生硬的边界。

CREASE BRUSH *(natural)*

修容刷（天然毛）：用于打造柔和的烟熏妆或柔和生硬的边界，也可用来晕染眼影。

LARGE CONCEAL BRUSH (synthetic)
大号遮瑕刷（人造毛）：用于上粉底或为指定区域遮瑕，如眼睛和鼻子周围。

WIDE BLENDING BRUSH (natural)
宽晕染刷（天然毛）：用于上眼影或在小范围内上粉，还可以用于晕染生硬的边界。

SLANTED BLENDING BRUSH (natural)
斜角晕染刷（天然毛）：斜角刷头可以精确地晕染眼影。

FLAT END BLENDING BRUSH
扁平晕染刷：用于晕染生硬的边界。

LIQUID FOUNDATION BRUSH (synthetic)
粉底液刷（人造毛）：用于在脸部上粉底液或将粉底液晕染开。

WHITE CREAM FOUNDATION BRUSH (synthetic)
白色粉底霜刷（人造毛）：用于上粉底液，也可以用来上粉霜。

BRONZE AND SHADING BRUSH *(natural)*
古铜粉及阴影刷（天然毛）：用于上古铜粉、腮红或打阴影。

CONTOUR BRUSH *(natural)*
修容刷（天然毛）：柔软且形成一定角度的刷头用于给脸部修容，上古铜粉、腮红或打阴影。

BROW COMB
眉梳：用于梳理和明确眉形。

FAN CONTOUR SHADING BRUSH *(natural)*
扇形修容阴影刷（天然毛）：用于扫除掉落在眼睛下方的彩妆产品，或用于修容。

SIGNATURE FAN BRUSH *(natural)*
经典扇形刷（天然毛）：用于在脸部上散粉，也可以用来给颧骨打高光或扫除脸上多余的散粉、掉落的眼影。

BLACK AND WHITE POWDER BRUSH *(natural)*
黑白粉刷（天然毛）：用于上散粉或粉饼。

CATWALK & BACKSTAGE

时装秀和后台

不管是坐在第一排观看时装秀，还是通过电视或光鲜的杂志观看，在一场时装秀之前，秀场里面究竟发生了些什么呢？除非你真正参与到一场时装秀当中去，否则很容易对此想当然。要举办一场这样的活动，缺少不了工作人员长达数月的努力。

在模特的脚踏上T台那一刻的很久之前，无数的讨论会议就已经开始了，会上讨论的内容有潮流的趋势、该场秀的概念和设计等。模特、场地及工作人员必须经过筛选和测试，然后公关部门就会开始超负荷工作，以确保重要的媒体团队会到场并报道活动。这个循环式的工作流程是经过大量的时装季之后延续下来的，也是时装界唯一恒久不变的东西。作为一个化妆师，你会情不自禁地想要投入其中，去成为整个大团队中的一份子。

化妆师在时装秀上扮演着重要的角色，因为他们有责任确保化出来的妆对设计师的服装系列能够起到衬托的作用，同时又不会压过服装，将人们的注意力从衣服转移到模特的脸上。妆容必须是漂亮清新的，但同时还要像秀场上展示的服装那样足够新颖和激动人心，因为这些妆容会成为下一季的潮流指南。来自世界各地的美容编辑们会将秀场的快照作为他们编辑杂志的参考资料。而且别忘了，还有那些坐在第一排的名流、明星们，如果他们喜欢上了某个妆容，你永远不知道接下来会发生什么。

一场秀的首席化妆师会花上数周的时间设计情绪板，并且要跟首席时装设计师、时装造型师及发型师合作，一同创造出多样的造型。设计师们收集各种图片，然后将它们拼贴在一起制成情绪板，用于视觉指导和灵感启发。通常情况下，设计师会把情绪板以邮件的形式发给主要化妆师和发型师，将这个服装系列的感觉及在这场秀上想要营造的氛围传达给他们。于是这便成为化妆师的指南和基础，化妆师将以此来决定为这场秀设计怎样的妆容。

"测试"就是请来一位模特预演这场秀。发型师和化妆师会在这位模特身上尝试自己的设计并将其调整到令所有人都满意为止。设计师会让模特试穿一到两套该系列的服装，来看看是否跟发型还有妆容相宜，然后造型师会将所有这些精心搭配到一起——他们通常负责搭配鞋子、紧身衣和珠宝首饰等。造型师还会帮忙确定哪套服装适合哪位模特。

在时装秀开始之前，设计师和造型师还会举行一次"选角会"，即面试/试镜。在选角会上，模特们会被要求穿上指定的服装，然后走给设计师看。设计师可以通过这种方式来观察她们在伸展台上的潜力如何。

产品和品牌

在化妆师为时装秀设计怎样的妆容这件事上面，产品赞助商有着关键性的影响。一个美妆品牌可能会向化妆师付费，以请他在秀场上使用自己的产品，也会为化妆师提供一个在后台工作的团队；化妆师则必须确保自己设计出来的妆容用到该美妆品牌的产品。举个例子，如果Benefit赞助了设计师大卫·柯玛（David Koma）的时装秀，而且设计师表示想要红色的眼妆，那么接下来就看化妆师如何利用Benefit的产品，如花漾胭脂水（一种脸颊用颜料）来设计妆容了。通常美妆品牌会安排媒体到后台采访化妆师，问他们使用了什么品牌的产品。

在时装秀的准备阶段，化妆师就会与赞助商取得联系，并定下在时装秀上所需产品的数量。这个数量通常取决于要为多少模特化妆及主要的化妆师总共有几名助理。每位化妆师的工作方式不同，但平均每位化妆助理会负责2~3名模特。

化妆助理可以从首席化妆师的经纪公司挑选，或者像MAC这样的公司会提供一个专门的助理团队在后台辅助化妆师工作。有时，像AOFM这样的品牌赞助一场秀时，也可以为化妆师提供化妆助理。大部分化妆师都会有一名"首席"助理，这个人一般是最常与化妆师一起工作的助理。这位助理了解首席化妆师的化妆风格及他最喜欢使用的产品，清楚他的化妆箱是如何配置的，还可以在后台工作非常忙碌的时候帮助首席化妆师协调现场的工作。

拍摄当天

首席化妆师及化妆助理都会被要求携带自己的化妆箱到现场,这样可以确保所有他们可能会用到的工具都在手边。

4小时是为一场时装秀做准备的平均时长,这个时间包括了化妆、做发型的时间及最后的服装调整时间。工作刚一开始时,首席化妆师会在一位模特身上化出"样板"妆,来演示这场秀的主妆容,同时会把所有模特身上都会用到的主要产品告诉大家。所以化妆助理准时到场十分重要,这样才能看到演示,从而知道这场秀的妆应该怎么化,接下来才能在模特身上再现刚才首席化妆师演示的妆容。首席化妆师会检查每位模特的妆容,做最后的修正和补妆。重要的是,所有模特的妆容都必须准时完成并且符合规范,因为没有比在台上出错更糟糕的事情了。最后,会有一次妆容检查和穿上全套服装的彩排。模特的秀场指导也会参加彩排,这样他们就能准确了解到自己要为这场秀做些什么。首席化妆师及几位化妆助理也会检查模特的妆在伸展台上看起来效果如何,看看是否还有不完美,或需要晕染和修改的地方。

在时装秀开始之前还会有最终检查,这个时候一般会给每位化妆助理安排一项小任务,如补粉或补唇膏。这个步骤通常是在一场秀即将开始、模特们准备上台前的最后时刻进行的,此时所有的模特都已经穿着她们将要展示的第一套服装排队站在后台。

最后,在时装秀上工作必须要注意,后台可能会非常混乱——电视台的工作人员在采访造型师和设计师,美容编辑们想要提前探知情况,摄影师在拍化妆过程,或是模特跑进跑出做发型、试服装的特写。这个时候总会有你意想不到的情况发生,如模特迟到或她的皮肤状况很糟糕,那么你就必须用最恰当的方式去处理这些情况。当音乐响起,灯光亮起,第一位模特走上伸展台时,每个人都会注视你与大家共同完成的成果,那个时候,你就会意识到所有这一切都是值得的。

后台礼仪

新人化妆师能做的最理想的工作就是给资深化妆师做助理。这个工作可以帮助他们接触到新的创意，了解新的化妆刷使用方法，以及资深化妆师工具箱中最吃香的美妆产品。最重要的是能学到在时装秀后台工作时的礼仪，或了解到在一项拍摄工作中真正需要化妆师做的是什么。

做一名好的化妆助理

带着清洁过的化妆刷和基本配置的化妆箱到场。多数时候，尤其是在时装秀上，首席化妆师会提供或带着完成当天妆容需要用到的关键产品。

别迟到，可能的话最好提前到场；化妆助理通常会被要求第一个到场。在大家到场之前你已经准备就绪，只等模特到场就可以开始工作，这么做是很重要的。如果是请一位明星为杂志拍摄封面照片，你可不想让他等着你吧！如果是为秀场工作，化妆助理则必须准时到场来了解当天的妆容。

听从首席化妆师的指导，对首席化妆师来说，最让他们沮丧的事就是化妆助理擅自离开岗位去做自己的事情。如果一位客户要求的是某个指定妆容，化妆师化出了漂亮的妆，但却没有完全符合要求，那么他就可能失去这份工作，而且以后都不会再被聘用。

如果你站在旁边无事可做，记得要问化妆师你还能做些什么。清洁化妆刷、泡一杯茶或是帮忙拿拿发卡都是些单调乏味的工作，但这些乏味的工作仍然需要有人来完成，而且通常希望能被提前做好。做这些额外的小事会让你与其他不太伸手帮忙的助理有所区别。

如果你正在做助理的工作，那么就等于你是在做着首席化妆师的工作，并且直接面对他的客户，所以表现出成熟和专业的态度是最基本的要求。不可以为了以后的工作机会而给客户递上自己的名片，这会被视为偷首席化妆师客户的行为，是绝对不被赞成的做法。一名化妆助理的行为反映出的是化妆师本人的行为。

如果你接到一份助理的工作，但却因为一些突发事件没办法做，那么一定要尽快打电话给化妆师，不要发短信或邮件。拨通电话才是专业的做法，可能的话最好同时推荐一个可以替补的人。与其他化妆师保持良好的人际关系是一种非常不错的推动自己事业发展的方式——一名化妆师如果可以再次接到同一个客户的预定，并且在圈内有良好的人际关系，就会给每个人带来更多的工作。

大多数资深化妆师每周会收到3封左右新人化妆助理或学生询问工作机会的邮件。所以永远别忘了，助理很容易被取代，可是一个好助理却是十分难能可贵的。

QUESTIONS & ANSWERS

问答

我如何才能成为一名成功的化妆师？

参加培训，给化妆师做助理，参与测试及多练习，这些就是成为一名成功化妆师的关键。但是专注于自己的工作，与他人保持良好的往来和持续的交流也是确保你做好化妆师工作的必要元素。

我需要一份资质证书才能进入化妆师行业吗？

在英国，独立化妆师行业的从业资格还没有一个统一的标准。很多学校都有自己的证书形式，或是直接提供国家职业资格（NVQ）、英国美容及化妆品协会（BABTAC）或商业与技术教育委员会（BTEC）的证书。鉴于目前还并不存在一个标准的监管机构，所以要进入这个行业做一名专业化妆师并不需要资质证书，而且这些学校也不会为你提供工作机会。资质证书是否有必要取决于你想做的工作类型。

如果你想加入化妆师经纪公司，与摄影师在拍摄现场工作或是为时装秀工作，那么你会被要求提供证明自己工作经历和能力的作品集。有时在拍摄之前，你还会被要求演示你的想法或试化你设计好的妆。作品集是真正可被接受的资格证书，尤其是在时尚界。

如果你希望找一份彩妆品牌柜台的工作，彩妆品牌公司会希望他们的员工经过一些培训，但是再说一次，这不是必须的，因为品牌会有自己的化妆师作为导师来教授技巧及他们希望你推销给顾客的妆容概念。通常会有几天的培训来为你展示新产品和当季的流行趋势。

如果你想获得在美容、电影和电视行业工作的许可，那么可能就会被要求提供资格证书和简历了。在电影和电视行业，通常还会要求你进行作品展示。

自由职业是指什么？

自由职业跟个体经营者是一样的，要求你创立自己的事业，用你选择的名称注册公司。你给自己发工资，直接面对客户，你负责支付自己的各种税和保险。做一个自由职业者可以选择任何自己喜欢做的工作，可以在想工作的时候才工作。但是你要知道，如果你是自由职业，那么在签下一份工作合同后，如果你想休假或生病了要请假，都是没有带薪假期的。

不干活就没有收入，就这么简单。你经常需要提前计划好下一份工作，这样你的日程本才会被填满，而你才能持续工作。当你既要完成所有已签下的工作，又要努力找下一份工作，同时还得完成创意时，就会很容易失去动力和感到厌倦。

与一家化妆师经纪公司签约的话，你就得到了保障，会有专人帮助你成长和积累资历。公司会代为处理你工作中的行政部分，如与发票和酬劳相关的事宜。公司还会帮助你管理日程，让你一直留在行业的核心。这并不是件简单的事，因为许多的化妆师都在为这一目标而努力。

新人化妆师如何能得到一位经纪人？

找一位经纪人是件需要竞争的事情。每个经纪公司的空位都有限，如果已经有化妆师登记，那么想要再招其他人进来就太难了。新人化妆师若想进入经纪公司，有一个好办法就是给他们打电话，告诉他们自己刚结束培训，可以做助理的工作。不过你先试着做几次相关的工作，然后再去找经纪公司会是一个好主意，因为他们很可能会提出要求看看你的作品。一个化妆师的名字如果已登记在助理之列，并且表现良好，那么就很可能在一个较短的时间内获得提升，进入经纪公司里。

我怎么知道在哪里能获得最好的培训？

如果你在寻找一家化妆培训学校，这里有几点需要考虑。化妆师这个行业非常辛苦，而且竞争激励，这一点必须一再强调。有很多学校声称可以给你全世界，但是关键其实还在于你自己，只有你才能为自己开创成功的化妆师事业。没有哪个学校能保证每个学生都会成功。

很多学校宣称会有活跃于行业内的化妆师做导师，你最好要求看看学校导师的近期作品集。如果他们没办法提供，那么这些导师是否是仍然活跃在业内的化妆师就值得怀疑了。如果他们提供了作品集，那么就要看仔细一些——如果这些作品并非上过杂志或等同于杂志品质的作品，那么他们可能并不是活跃在业内的顶级化妆师。在网站上提供精彩照片的学校并不能保证一定会请到活跃在业内的优秀化妆师做导师。问问谁将是你的导师，然后自己上网去研究这位导师的资料。看看学校的赞助商是谁——可能会包括一些有名的化妆品品牌和美发用品公司。优秀的学校都会与有名的品牌有关联或是有合作关系，因为这表明该学校在业内有着高度的评价。如果你看到学校宣称提供国际认证资质，确保你可以在培训之后到国外去工作，就一定要谨慎，因为不管是国内还是国际的证书，都没有全世界认可的化妆师资质。一张证书并不能保证让你有工作。目前也并不存在国际化妆协会或国际认证之类的说法。

之所以建立学校，是为了提供学习知识和了解行业的快速通道——学校没办法证明你有工作的资格。行业内有许多顶级的化妆师为*Vogue*这类杂志、电视拍摄及电影拍摄工作，他们都没有接受培训的经历，但是也都获得了巨大的成功。

弄清楚在培训期间学校给你提供的化妆品品牌。如果学校只提供一个品牌，那么你可能会被困在这个行业中，因为没有哪个化妆师是只用一个品牌的产品工作的。培训就应该让你了解到一个专业人士会用到的所有产品。要小心那些提供给你化妆箱的学校，因为这其中的多数产品都不会是专业产品，而最终你可能会变得没有自信或习惯于用这类非专业产品。当完成培训时，你应当已经对所有美妆产品有了良好的认识才对。

看看之前的学生有过什么成就也很重要。要求见见正在接受培训的学生，这样能让你更好地观察学校是否能为你提供正确的教育。学生感言没有任何意义，只是说些好听的话而已，所以你必须在交出学费之前了解所有真实的情况。

通常在培训课程中，学校会给你拍摄自己的作品集的机会，从而帮助你启动自己的事业，这就意味着你需要跟模特和摄影师合作。看看过去的学生的作品集质量，这很重要，因为这次拍摄将会是你展示自己作品的第一个机会。你能想象它出现在杂志中吗？模特看起来专业吗？

作为一个学生，你会为培训支付许多钱，所以你值得拥有与这笔钱价值等同的优秀的老师、产品。很多学生会想象自己在培训之后立马就能在化妆行业工作，一般来讲这是不可能的，因为你还需要积累经验。

现在我已经完成培训了，打造一个专业化妆箱最好的办法是什么？

在开始准备一个专业化妆箱可能会花费不菲、让人却步，但是慢慢来完善它就不会像你想象得那么可怕了。不要一开始就买那些最贵的产品，等你需要用到的时候再买。学生们购买质量好的粉底、遮瑕膏和质量佳、颜色好的眼影作为基本配备是很明智的。至于唇彩、唇膏及其他小物件，最好先买便宜一些的，当你变得更加有经验时再在这些东西上投资。当你开始与有名的设计师、杂志合作，参加引人注目的活动时，很多化妆品公司的媒体经纪人会出于人际联络的目的，为你提供他们公司的产品，他们这么做也相当于为品牌做广告。

新人化妆师如何完成他的作品集？

经过培训，新人化妆师就会开始参加各种测试。这些测试是没有酬劳的照片拍摄，由摄影师、造型师、化妆师，有时还有发型师来组织。测试的目的是制作一些用来展示所有相关人士的作品。在测试中，模特经纪公司通常会从新人模特中提供人选，为她建立档案。接下来，独立化妆师在完成妆容后，就可以通知模特经纪公司，然后通过拍摄来展示自己的作品。经纪公司通常会轮流打电话找新人化妆师与模特来完成测试。

还会有许多很棒的摄影师公布作品的网站，他们也会寻找化妆师来合作完成测试。新人化妆师也可以把自己的作品放到网站上去。记住，你的作品集是你将来申请工作的工具，它与一张可以在交际时递出的名片一样重要，因为你永远不知道可能会遇到谁。自由职业者的大量工作往往来自偶然的碰面、口碑及朋友的推荐。

拥有一个展示自己作品的网站也是个不错的尝试。越多的人知道你的存在，你就会得到越多的工作，你的作品集也就越精彩。

我怎样才能成为一名化妆助理？

通常当你完成培训后，就会有充当化妆助理的机会。一些学校会有后期服务，他们会直接将你派到合适的联系人和化妆师经纪公司那里。之后就取决于你如何启动自己，如何利用自己的时间来协助一位正在工作的化妆师了。

有一点很重要，尽可能多地跟不同的化妆师一起工作，并从他们身上学习。即便最后得到的效果都一样，每位化妆师完成一项工作时也都有着不同于别人的风格和步骤。有太多不同的技巧和捷径，你只能通过实践才能学到。

化妆助理有酬劳吗？

许多化妆助理的工作是没有酬劳的，但是你能学到的经验是无价的。你可以在工作中学习新技巧，提升自己的速度和自信。在完成免费的化妆助理工作之后，或许一些有酬工作的机会和客户就会降临到你的面前。

新人化妆师需要多久才能开始赚钱？

这个问题很难给出确切的答案，因为每位化妆师的职业生涯都不同。这真的是运气、决心和天赋的综合效应。一些化妆师可能已经在业内建立了联系网，一些化妆师却仍需不断敲开许多扇门来获得机会。但如果你愿意多跑腿，总是会有所回报的。

很多化妆师会说他们一般要花2~3年的时间才开始有酬劳比较理想的工作。要知道，在这段时间里，新人化妆师都在参加各种免费的测试，并且要在完善工具上花钱，所以在行业内找一份兼职工作会是保证经济来源的好办法。

我如何保证自己在这个竞争激烈的行业中得到工作?

最好关注行业内的某个特定领域,然后成为那个领域的优秀人才。作为一名化妆师,你可能会在其他领域获得工作机会,但你必须意识到自己的技术最适合行业中的哪个领域。

在零售业中,你的性格和理解不太懂化妆的客户的需求的能力非常重要。你要意识到,你正在与不同类型和年龄层的皮肤打交道。对品牌产品的了解也是基本要求,你需要知道如何推销品牌,以及如何将正确的产品推荐给你的顾客。你需要准备一份简历,并为商店经理对你的面试做好准备。如果面试成功了,你就会接受正式的培训。有很多品牌可以选择,所以选一家你认为可以为之工作的公司,然后直接联系经理。

在电视、电影行业和剧院的工作很有规律,而且你会定期拿到工资和奖金。由于这些职位更倾向于签订长期或最短6个月的合同,所以可以申请的职位并不多。想进入这个行业,你需要先将简历发给首席化妆师,申请一份助理的工作。在剧院工作,你还需要学会整理假发、剪发,以及辅助戏装保管员的工作。在化妆职责以外的范围提供帮助,如放映或演出方面,帮助别人做你力所能及的事,会有助于你融入团队,成为团队的一员。

时装和走秀行业是以竞争激烈闻名的。你的成功取决于你的创造力、作品的曝光率及曾与哪些有名人士合作过。不要让自己被打倒。这个工作可能是可怕的,有时候甚至在接触到客户之前,就已经有人当面评论你的能力和作品集了。研究化妆师经纪公司的最好方法,是找到一些你视其为榜样的化妆师,然后为他们提供帮助。你是否能得到大案子真的取决于你认识谁,因为这个行业很少会发布广告。很多化妆师都是因为曾经合作过的摄影师、造型师及客户的推荐而获得工作的。在独家发布会及聚会上的交际也是你工作中非常重要的部分,因为人们更希望名字和长相能对得上号。

新娘妆首先是为拍摄照片服务的,其次才是为肉眼(宾客们)所看的。新娘会在往后的岁月中不时回顾婚礼当天的照片,所以要让她在照片中看起来完美才是最重要的。一场在教堂举行的传统婚礼会要求在妆面中使用柔和的色彩，通常会以浅粉色和桃子色混搭的组合色来营造氛围，而少数民族的婚礼则比较喜欢浓郁的色彩。

在举办婚礼大约一个月之前，会进行一次婚礼彩排，通过彩排确认新娘想要的是什么效果。记得带上样片，因为多数人并不了解化妆，这些样片可以为婚礼照片的拍摄提供帮助，选出什么是最适合新娘的。一如既往，你应当了解现在的潮流是什么，可以参考名人们的装扮，了解你所处时期的流行妆容并理解各种不同的文化。过去你使用过的产品都应该有书面或影像记录，这样才能在当天进展顺利。

你要么会与一位发型师一同工作，要么就需要自己来完成发型，或许还会被要求做指甲。你还可能被要求携带助理，这取决于你要负责为几个人化妆，所以别忘了将这些费用算入你的预算中。收取定金是很普遍的，因为婚礼通常会提前一年进行预订。另外要确定婚礼彩排的费用会单独付给你，以防新娘改变主意取消婚礼（确实会发生）。确保你有足够的时间来化妆，并且与团队的其他人也讨论好你的行程。

在婚礼当天早点到场，保持冷静和有条不紊，好让新娘感到放松。要记得这是她生命中最重要的日子之一，所以要让她有特别的体验。准备一个补妆用的化妆箱，为你自己也是为了新娘，并做好准备应对任何最后时刻的临时变化。可能你会被要求在当天做额外的化妆工作，或被要求帮忙将新娘妆改成晚妆，用于接待宾客。

当你刚起步时，合约和沟通真的十分重要。可以问问你的朋友是否愿意让你做她们的婚礼化妆师，记得随身携带名片。如果你做得好，就会经由别人的推荐而获得许多客户。你还会经常因为某位客户的婚礼而获得推荐，或是在婚礼上遇到欣赏你工作的人自己也要结婚了，也可能是他们的某个朋友要结婚了。在当地做广告或上新娘杂志也会有所帮助，有一个自己的网站则更好。让自己进入一个容易遇到顾客的圈子吧，一间造型工作室或在化妆柜台的工作都可以让你直接面对潜在的客户。

SOURCES & SUPPLIERS

资源和赞助商

化妆产品厂商

Barry M（巴里・M）
1 Bittacy Business Centre
Mill Hill East
London NW7 1BA
UK（英国）
Tel: 020 8346 7773
www.barrym.com

BECCA
Becca (London) Ltd
91A Pelham Street
London SW7 2NJ
UK（英国）
Tel: 020 7225 2501

Becca Inc.
132 Ninth Street
2nd Floor
San Francisco, CA 94103
USA（美国）
Tel: 415 553 8972

Becca Cosmetics Australia
Unit 4/36 O'Riordan Street
Alexandria
Sydney NSW 2015
Australia
Tel: (61) 2 8399 1274
www.beccacosmetics.com

Benefit（贝玲妃）
685 Market Street
7th Floor
San Francisco
CA 94105
USA（美国）
Tel: 1 800 781 2336 (phone orders)
www.benefitcosmetics.com

Greenwood House
91–99 New London Road
Chelmsford CM2 0PP
UK（英国）
Tel: 01245 347 138,
0800 496 1084 (phone orders)
www.benefitcosmetics.co.uk

Bobbi Brown（波比・布朗）
Estée Lauder

73 Grosvenor Street
London W1K 3BQ
UK（英国）
Tel: 0800 054 2988
(customer service)
www.bobbibrown.co.uk

The Estée Lauder Companies Inc.
767 Fifth Avenue
New York, NY 10153
USA（美国）
Tel: 1 877 310 9222
www.bobbibrowncosmetics.com

Chanel（香奈儿）
Chanel Beauty Products
Rotherwick House
19–21 Old Bond Street
London W1S 4PX
UK（英国）
Tel: 020 7493 3836
www.chanel.com/en_GB

Chanel Inc.
15 East 57th Street
New York, NY 10022
USA（美国）
Tel: 1 800 550 0005
www.chanel.com

Charles Fox（查理・福克斯）
22 Tavistock Street
Covent Garden
London WC2E 7PY
UK（英国）
Tel: 020 7240 3111
www.charlesfox.co.uk
see also Kryolan entry

Christian Dior（克里斯汀・迪奥）
Marble Arch House
66–68 Seymour Street
London W1H 5AF
UK（英国）
Tel: 020 7563 6300
www.dior.com

Giorgio Armani（乔治・阿玛尼）
16, Place Vendôme
75001 Paris
France（法国）

www.giorgioarmanibeauty.com

UK（英国）
www.giorgioarmanibeauty.co.uk

USA（美国）
Tel: 1 877 276 2643 (customer service)
www.giorgioarmanibeauty-usa.com

JESSICA（杰西卡）
Gerrard International Limited
NNC House
47 Theobald Street
Borehamwood
Hertfordshire WD6 4RT

UK（英国）
Tel: 0845 2171360, 0845 2171360 (customer service)
www.jessica-nails.co.uk
www.jessicacosmetics.co.uk

Jessica Cosmetics International
12747 Saticoy Street
North Hollywood, CA 91605
USA（美国）
Tel: 818 759 1050, 1 800 582 4000 (customer service)
www.jessicacosmetics.com

Lancôme（兰蔻）
14 rue Royale
75008 Paris, France
www2.lancome.com/index.aspx

UK（英国）
www.lancome.co.uk

USA（美国）
www.lancome-usa.com

Laura Mercier（罗拉玛斯亚）
Gurwitch Products, LLC
13259 North Promenade Blvd
Stafford, TX 77477
USA（美国）
Tel: 1 888 637 2437
www.lauramercier.com

L'Oréal Ltd（欧莱雅有限公司）
255 Hammersmith Road

London W6 8AZ
UK（英国）
Tel: 020 8762 4000
www.loreal.co.uk

L'Oréal USA
575 Fifth Avenue
New York, NY 10017
Tel: 212 818 1500
www.lorealusa.com

L'Oréal International
41 Rue Martre
92217 Clichy Cedex
France（法国）
Tel: (33) 14756 7000
www.loreal.fr

MAC（魅可）
73 Grosvenor Street
London W1K 3BQ
UK（英国）
Tel: 0870 034 6700,
0870 034 2676 (phone orders)
www.maccosmetics.co.uk

767 Fifth Avenue
New York, NY 10153
USA（美国）
Tel: 1 800 588 0070
www.maccosmetics.com

Make Up Forever（玫珂菲）
6 Goldhawk Mews
London W12 8PA
UK（英国）
Tel: 020 8740 6788
www.makeupforever.com

USA（美国）
www.makeupforeverusa.com
Available at Sephora, see www.sephora.com

Nars（纳斯）
900 Third Avenue
New York, NY 10022
USA（美国）
Tel: 1 888 788 NARS
www.narscosmetics.com

UK（英国）

www.narscosmetics.co.uk

The Pro Makeup Shop
20 Mortlake High Street
London SW14 8JN
UK（英国）
Tel: 020 3178 2960
www.thepromakeupshop.com

Revlon（露华浓）
Greater London House
Hampstead Road
London NW1 7QX
Tel: 020 7391 7400
www.revlon.co.uk

Revlon Inc.
237 Park Avenue
New York, NY 10017
USA（美国）
Tel: 212 527 4000
www.revlon.com

Screen Face
20 Powis Terrace
off Westbourne Park Road
London W11 1JH
UK（英国）
Tel: 020 7221 8289
www.screenface.com

Shu Uemura（植村秀）
55 Neal Street
Charing Cross
London WC2H 9PJ
UK（英国）
020 7836 5588
www.shuuemura.com

Yves Saint Laurent Beauty（伊夫圣罗兰）
34–36 Perrymount Road
Haywards Heath
West Sussex RH16 3DN
UK（英国）
Tel: 01444 255700
www.ysl.com

USA（美国）
www.yslbeautyus.com

化妆师

Carolyn Roper（卡洛琳·罗伯）
www.getmadeup.com

Jo Sugar（乔·休格）
www.josugar.com

Sandra Cooke（桑德拉·库克）
www.sandracooke.net

Rachel Wood（蕾切尔·伍德）
www.rachelmakeup.co.uk

发型产品厂商

Bumble and Bumble
415 13th Street
New York, NY 10014
USA（美国）
Tel: 866 513 0498
www.bumbleandbumble.com

Babyliss Pro（巴比丽丝）
The Conair Group Ltd
PO BOX 356
Fleet GU51 3ZQ
UK（英国）
Tel: 08705 133 191
www.babyliss.co.uk

USA（美国）
www.babylissus.com

KMS California（KMS 加利福尼亚）
KPSS Inc.
981 Corporate Boulevard
Linthicum Heights MD 21090
USA（美国）
Tel: 410 850 7555,
1 800 342 5567 (phone orders)
www.kmscalifornia.com

KPSS UK Ltd（KPSS英国有限公司）
6 Park View
Alder Close
Eastbourne
East Sussex BN23 6QE
UK（英国）
Tel: 01323 413 200

KPSS Australia Pty Ltd

（KPSS澳大利亚私人有限公司）
1A The Crescent
Kingsgrove NSW 2208
Australia（澳大利亚）
Tel: 612 9554 1900

Label M （M牌）
Mascolo Group Ltd
Innovia House, Marish Wharf
St Mary's Road, Langley, Berkshire SL3 6DA
UK（英国）
Tel: 0870 770 8080
www.labelm.co.uk

Redken（丽得康）
565 Fifth Avenue
New York, NY 10017
USA（美国）
www.redken.com

UK（英国）
www.redken.co.uk

TIGI（蒂芝）
Tigi Australia Ltd
21/39 Herbert Street
St Leonards
NSW 2065
Australia（澳大利亚）
Tel: (61) 2 9439 9666
www.tigihaircare.com

Tigi Haircare Ltd（蒂芝护发有限公司）
Tigi House, Bentinck Road
West Drayton UB7 7RQ
UK（英国）
Tel: 01895 458550

Tigi Linea（蒂芝领雅）
1655 Waters Ridge Drive
Lewisville, TX 75057-6013
USA（美国）
Tel: 469 528 4300

发型师

Desmond Murray（德斯蒙德·穆雷）
www.desmondmurray.com

Fabio Vivan（法比奥·薇薇安）
www.fabiovivan.com

Marc Eastlake（马克·伊斯特莱克）
www.myspace.com/thegentrysalon

Natasha Mygdal（娜塔莎·米格达尔）
www.natashamygdal.com

Zoe Irwin（佐伊·欧文）
http://head1st.net/zoe/

护肤产品厂商

Alpha-H
18 Millennium Circuit
Helensvale Q 4212
Gold Coast, Australia
www.alpha-h.com
Tel: (61) 7 5529 4866
www.alpha-h.com

Bio Oil
Union Swiss
66 Long Street
Cape Town 8001
South Africa
Tel: (27) 21 424 4230
www.bio-oil.com

Dermalogica（德美乐嘉）
1535 Beachey Place
Carson, CA 90746
USA（美国）
Tel: 310 900 4000
www.dermalogica.com

Caxton House Randalls Way
Leatherhead
Surrey KT22 7TW
UK（英国）
Tel: 01372 363600
www.dermalogica.com/uk

111 Chandos Street
Crows Nest NSW 2065
Australia（澳大利亚）
Tel: 1 800 659 118 or
(61) 2 8437 9600

Kiehl's（科颜氏）
54 Columbus Avenue
New York, NY 10023
USA（美国）
Tel: 1 800 543 4572 or

732 951 4545
www.kiehls.com

186A King's Road
London SW3 5XP
UK（英国）
Tel: 020 7751 5950
www.kiehls.co.uk

Rodial（柔黛）
The Plaza
535 Kings Road
London SW10 0SZ
UK（英国）
Tel: 020 7351 1720
www.rodial.co.uk

St Tropez（圣特罗佩）
Beauty Source Limited Unit
4C Tissington Close
Chilwell NG9 6QG
UK（英国）
Tel: 0115 983 6363
www.st-tropez.com

PO Box 800876
Santa Clarita, CA 91380
USA（美国）
Tel: 1 800 366 6383
www.st-tropez.com

PO Box 334
Terrey Hills NSW 2084
Australia（澳大利亚）
Tel: 1 800 358 999
www.sttropeztan.com.au

Simple（桑普勒）
Simple Health and Beauty Ltd
4th Floor Chadwick House
Blenheim Court
Solihull B91 2AA
UK（英国）
Tel: 0121 712 6523
www.simple.co.uk

时装&配饰

Erickson Beamon（艾瑞克斯·比蒙）
www.ericksonbeamon.com

Louis Mariette（路易马瑞特）

www.louismariette.com

Swarovski（施华洛世奇）
www.swarovski.com

摄影师

Atton Conrad（柔黛阿通·康拉德）
www.attonconrad.com

Camille Sanson（卡米尔·桑松）
www.camillesanson.com

Catherine Harbour（凯瑟琳·哈伯）
www.catherineharbour.com

Dez Mighty（德兹·麦迪）
www.dezmighty.com

Fabrice Lachant（法布里斯·拉克兰）
www.photobyfabrice.com

Han Lee De Boer（韩·李·德波尔）
www.hanleedeboer.com

Jason Ell（詹森·埃尔）
www.jasonell.com

Keith Clouston（基思·克劳斯顿）
www.keithclouston.com

Lou Denim（卢·丹宁）
www.loudenim.com

Roberto Aguilar（罗伯托·阿圭勒）
www.photoaguilar.com

Zoe Barling（佐伊·巴林）
www.zoebarling.com

造型师

Karl Willett（卡尔·威雷特）
www.ilovemystylist.com

Narin Jean-Baptiste（纳林·乔-巴普蒂斯特）
www.nasrinjeanbaptiste.com

Rebekah Roy（丽贝卡·罗伊）
www.fashion-stylist.net

Samson Soboye（萨姆斯·索伯耶）
www.samson-soboye.com

Shyla Hassan（夏伊拉·哈桑）
www.shylahassan.com

Svetlana Prodanic（斯维特拉娜·普罗丹尼克）
www.svetlanastyling.com

场地及服务

Balcony Jump Management（巴尔克尼江普管理公司）
www.balconyjump.co.uk

Blow PR（布洛公关公司）
www.blow.co.uk

Disciple Productions（迪赛普制片公司）
www.disciple-productions.com

Escala Music（辣妹四重奏）
www.escalamusic.com/gb

First Model Management（First Model管理公司）
www.firstmodelmanagement.co.uk

FM Agency（FM模特经纪公司）
www.fmmodelagency.com

IMG Models（IMG模特公司）
www.imgmodels.com

I.N.C. Space（I.N.C.空间）
www.inc-space.com

International Collective（国际精选）
www.internationalcollective.co.uk

M&P Models（M&P模特公司）
www.mandpmodels.com

Modus Dowal Walker PR（默多斯道尔沃克公关公司）
www.moduspublicity.com

Nevs Model Agency（Nevs模特经纪公司）
www.nevsmodels.co.uk

Next Models（Next模特公司）
www.nextmodels.com

No. 5 Cavendish Square
www.no5ltd.com

Oceanfall Talent Agency（Oceanfall Talent
代理公司）
www.oceanfall.co.uk

Octagon （奥特刚）
www.octagon-uk.com

Purple PR（Purple公关公司）
www.purplepr.com

Salon Sensations（Sensations沙龙）
www.salonsensations.co.uk

使用产品

护肤

Instant Results（即时效果）
Alpha-H White Gold Skin Brightening Solution
（Alpha-H液体黄金提亮液）
Alpha-H Liquid Gold
（Aipha-H液体黄金）
Alpha-H Phase Three Clearing Gel
（Alpha-H三维清洁凝胶）
Elizabeth Eight-Hour Cream
（伊丽莎白八小时霜）
Shu Uemura Deapsea Hydrability Moisturizing
Lip Balm
（植村秀深海水合润唇膏）

Exfoliators（祛角质）
Neutrogena Deep Clean Foaming Scrub
（露得清深层清洁磨砂）
Clarins Gentle Exfoliator Brightening Toner
（娇韵诗轻柔祛角质提亮化妆水）
Dermalogica Daily Microfoliant
（德美乐嘉每日精微亮颜）
Alpha-H Micro Cleanse Exfoliant
（Alpha-H精微清洁祛角质）
Origins Modern Friction Face Scrub
（悦木之源百米焕肤霜）

Cleansers（洁面）
Shu Uemura Balancing Cleansing Oil
（植村秀平衡洁面油）
Lancôme Gel Eclat
（兰蔻清滢柔肤洁面乳）
Chanel Gel Pureté Anti Pollution Rinse Off
Foaming Cleanser
（香奈儿抗污染净化水洗洁面乳）

Face Masks（面膜）
Dermalogica Skin Hydrating Masque
（德美乐嘉补水面膜）
Kiss My Face Organics Pore Shrink Deep Pore
Cleansing Mask
（Kiss My Face有机缩毛孔深层毛孔清洁面膜）
Clean & Clear Morning Burst Shine Control
Facial Scrub with Bursting Beads
（可伶可俐晨光焕发磨砂微粒洁净面膜）
Chanel Precision Masque Destressant Purete
Purifying Cream Mask
（香奈儿净颜舒缓面膜）
Lancôme Hydra-Intense Masque
（兰蔻高效补水面膜）
Alpha-H 15% Glycolic Hydrating Mask with
Lavender
（Aopha-H 15%薰衣草补水面膜）

Pore Strips（毛孔贴）
Biore Pore Cleansing Strips.
（碧柔毛孔清洁贴）
Tea Tree and Witch Hazel Nose Pore Strips
（茶树金缕梅鼻头毛孔清洁贴）

Serums（精华）
Boots No.7 Protect & Perfect
（博姿No.7瞬间赋活精华）
Estée Lauder Advanced Night Repair
（雅诗兰黛特润修护精华）
Christian Dior Capture Totale Multi-Perfection
Concentrated Treatment Serum
（迪奥活肤驻颜修护精华露）
L'Oréal Age Perfect Intensive Reinforcing
Serum
（欧莱雅金致臻颜精华）
Shiseido Benefiance NutriPerfect Eye Serum
（资生堂盼丽风姿抗皱修护眼霜）

彩妆

Foundations（粉底）
Full Coverage
（强力遮盖）
Bobbi Brown Foundation Stick
（波比布朗粉条）
Becca Foundation Stick
（Becca粉条）
MAC Full Coverage Foundation
（魅可强力遮盖粉底）

Medium to Full Coverage
（中等遮盖）
MAC Studio Sculpt Foundation
（魅可特润素颜粉底）

Sheer Coverage
（轻薄遮盖）
MAC Face and Body Foundation
（魅可面部及身体粉底液）

Oil Free/Oil Control
（无油/控油）
Nars Oil Free Foundation
（纳斯无油粉底）

Illuminating
（提亮）
Chanel Vitalumière Foundation
（香奈儿活力亮泽水凝粉底霜）
Giorgio Armani Foundation
（阿玛尼粉底液）

Moisturizing
（滋润型）
Bobbi Brown Luminous Moisturizing Foundation
（波比布朗丰盈润泽粉底露）

Cream to Powder
（粉霜）
MAC Studio Tech Foundation
（魅可丝柔粉底膏）
Shu Uemura Nobara Cream Foundation
（植村秀小灯泡精油粉底霜）

Powder-Based
（底妆粉）
MAC Studio Fix
（魅可柔雾无瑕粉底）

Liquid
（粉底液）
RMK Liquid Foundation
（RMK丝薄粉底液）

Mousse
（慕斯）
Lancôme Magie Matte Mousse
（兰蔻魔法亚光粉底慕斯）
Max Factor Miracle Touch Foundation
（蜜丝佛陀水漾触感粉底）
Maybelline Dream Matte Mousse Foundation
（美宝莲慕斯粉底霜）

Tinted Moisturizer
（有色面霜）
Becca Luminous Skin Colour
（Becca 润色隔离霜）
Laura Mercier Tinted Moisturizer
（罗拉玛斯亚饰色隔离霜）

For Dark Skins
（黑色皮肤专用）
Armani Fluid Sheer in Golden Bronze or
Sienna
（阿玛尼高光修颜液Golden Bronze或Sienna色号）
Bobbi Brown Foundation Stick
（波比布朗粉条）
Becca Luminous Skin Colour and Stick
Foundation
（Becca润色隔离和粉条）
Becca Shimmering Skin Perfector in Bronze or
Topaz
（Becca高光液Bronze或Topaz色号）
Giorgio Armani Face Fabric Second Skin Nude
Makeup
（阿玛尼隐逸懒人粉底液）
MAC Studio Tech Foundation
（魅可丝柔粉底霜）

For Asian/Latin/Indian Skins
（亚洲/拉丁/印第安皮肤专用）
Bobbi Brown Foundation Stick
（波比布朗粉条）
Becca Tinted Moisturizer and Stick Foundation
（Becca润色隔离和粉条）
Giorgio Armani Designer Shaping Cream
Foundation SPF 20
（阿玛尼塑型轮廓粉霜 SPF20）
Lancôme Photogenic Lumessence Foundation
（兰蔻滋润感光粉底液）
MAC Mineralize Foundation
（魅可矿物粉底）

Concealer（遮瑕霜）
Bobbi Brown Creamy Concealer
（波比布朗专业完美遮瑕霜）
Estée Lauder Smoothing Skin Concealer
（雅诗兰黛平滑肌肤遮瑕霜）
Laura Mercier Secret Camouflage
（罗拉玛斯亚秘密遮瑕膏）
Revlon New Complexion Concealer
（罗拉玛斯亚隐身遮瑕膏）

Blusher（腮红）
Becca Lip and Cheek Cream
（Becca唇颊霜）
Benefit Posie Tint

（贝玲妃花漾胭脂水）
MAC Cheek Cream
（魅可腮红膏）
Maybelline Dream Mousse Blush
（美宝莲梦幻慕斯腮红）

Highlighter（高光）
MAC Strobe Cream
（魅可晶亮润肤乳）
Yves Saint Laurent Touche Éclat
（圣罗兰明彩笔）

Contouring（修容）
MAC Sculpt & Shape Powder
（魅可塑颜修容粉）

Powder（粉）
Full Coverage
（强力遮盖）
MAC Mineralize Skin Finish Powder
（魅可矿物散粉）
MAC Studio Fix
（魅可定妆粉底）

Sheer Powder
（透明）
Ben Nye Loose Powder
（Ben Nye散粉）
Shu Uemura Loose Powder
（植村秀散粉）

Loose Pigment Powders
（有色散粉）
Barry M Dazzle Dust
（巴里·M炫彩散粉）
Kryolan Living Color
（德国面具活色散粉）

Eye Primer（眼部妆前乳）
Benefit Lemon Aid
（贝玲妃柠檬眼部遮瑕膏）

Eyeshadow（眼影）
Bobbi Brown Longwear Cream Eyeshadow
（波比布朗长效眼影膏）
Shu Uemura Eyeshadow
（植村秀眼影）

Eyeliner（眼线）
MAC Fluidline Gel Eyeliner
（魅可眼线胶）

Lips（唇）
Lip Primers/Concealers

（唇部妆前/遮瑕膏）
Benefit Lip Plump
（贝玲妃唇部遮瑕修饰液）
MAC Lip Erase
（魅可唇部遮瑕膏）
MAC Prep + Prime Lip
（魅可完美柔滑妆前润唇膏）

Exfoliators
（祛角质）
Hollywood Lip Sweet Sugar Scrub and
Soothing Day Relief
（好莱坞蜜糖唇部磨砂膏和舒缓日间修护膏）
Rodail Glam Balm
（柔黛润唇膏）

Sheer Colour
（透明色）
Laura Mercier Bare Lips
（罗拉玛斯亚唇糖渍）
Benefit Benetint
（贝玲妃花漾胭脂水）

Matte Colour
（亚光色）
MAC Russian Red
（魅可俄罗斯红）

Cream Texture
（膏状）
Benefit Lady's Choice
（贝玲妃女士之选唇膏）

Frost
（雾面）
Revlon Silver City Pink
（露华浓Silver City Pink唇膏）

Opaque
（不透明色）
MAC CB96
（魅可 CB96）

Gloss（唇彩）
MAC Clear Lipglass
（魅可晶亮唇蜜）

ABOUT AOFM

关于AOFM

AOFM位于嘈杂又令人兴奋的伦敦Soho附近。AOFM是一所涉及时装、杂志、秀场和新娘妆等领域的化妆师学校，这里是你学习如何成为一名化妆师、积累经验、开启职业生涯的地方。

AOFM确信，只有跟着那些正活跃于业内的人学习，才能真正理解这个行业是如何运转的。学校里的所有导师都是正工作于行业内的化妆师，他们中的很多人都来自有名的经纪公司。这让他们可以从世界各地的秀场和广告公司那里获知最新的风格和技巧，并将其传授给学生。这些导师们的客户名单上写着Versace、Giorgio Armani、Dior和意大利Vogue杂志，他们是业内最有天赋的一群人。每一位导师都在自己所擅长的领域拥有着特别的创意天赋，让学生们可以接触到一系列不同的造型风格和技巧。

AOFM也是由许多著名化妆品公司及美发产品公司赞助的机构之一。因此AOFM的学生们有机会接触到这些公司及他们的产品，可以借此了解不同的品牌。

AOFM还凭借其在业内强有力的关系网络，帮助学生结束培训后在业内获得宝贵的工作经验和职位。学生们在离开学校时便已经呈现出准备就绪的状态，对行业也有了深入彻底的认识，AOFM对他们的职业生涯来说提供了非常珍贵的提前教育。

AOFM可以为学生创造在著名时尚活动中做化妆助理的机会，如伦敦时装周，AOFM是其中多场秀的赞助商（平均每年60场），除此之外还有纽约时装周、Clothes Life Show活动、英国Next Top Model节目、各类广告和杂志拍摄，以及引人注目的媒体，如英国和意大利版的Vogue、MTV（Music Television）频道和The X Factor节目。AOFM的专业团队中汇聚着业内著名的专业人士，他们经常受邀为时装及美容品牌（如Chloe、Versace和L'Oréal）提供专业意见。他们还拥有众多明星客户，如女孩乐团（Girls Aloud）、小野猫合唱团（Pussycat Dolls）和吉赛尔（Giselle）。

AOFM本身就是一个联盟，为学生和想成为化妆师的人提供跟随顶级化妆师们学习的良机。学校拥有无与伦比的声望，无论是在培训专业化妆师方面还是在丰富的创意方面都大有作为，我们这支世界闻名的专业团队正为全球贡献着力量。

AOFM
伦敦Soho迪恩街63号
邮编：W1D4QG
电话：020 7434 4488
网址：www.aofmakeup.com
电子邮件：info@aofmakeup.com

鸣谢

我们要特别感谢以下人员、模特经纪公司，以及公关公司的全力支持。

罗伯特·汉娜（Robert Hannan），来自Next模特经纪公司；

泰奥·高德（Teoh Gold），来自Nevs模特经纪公司；

凯（Kai），来自FM经纪公司；

玛克辛·罕什伍德（Maxine Henshilwood），来自Oxygen模特经纪公司；

特瑞克斯·斯特芬森（Trix Stephenson），来自First Model管理公司；

哈立德·厄尔·阿瓦德（Khalid El Awad）、詹姆斯·克拉克（James Clark），来自IMG 模特经纪公司；

鲁塞尔（Russell）、查理（Charlie），来自M&P模特管理公司。

奥德（Aude），来自Dior；

克里斯蒂娜·阿里斯托德莫（Christina Aristodemou）、乔·希克卢纳（Jo Scicluna），来自MAC化妆师公关；

丽萨·纳什（Lisa Nash）、海伦（Helen），来自Shu Uemura；

珍娜（Jenna），来自Becca；

克莱尔（Claire）、达菲娜（Dafna），来自 Bobbi Brown公司；

萨曼莎（Samantha），来自 KMS公司；

卡洛琳·杨（Caroline Young），来自St Tropez公司；

拉杰·考尔（Raj Kaur）及团队，来自Lancôme；

杰斯（Jess），来自Purple公关公司；

克莱尔（Clair），来自Nemefit化妆品公司；

艾莉森（Alison）及市场营销团队，来自Derekmalogica；

尼西（Nichy），来自Redken；

Dowal Walker公关公司团队；

简（Jane），来自Illamasqua；

玛丽（Mary），来自Jessica Nails；

佐伊（Zoe），来自Chanel；

坎迪斯（Candice），来自Balcony Jump管理公司；

Blow公关公司团队；

索菲·斯坦伯里（Sophie Stanbury）及团队，来自Swarovski；

克里斯·马诺（Chris Manoe）及团队，来自International Collective。

感谢马克·维塔尔（Mark Whittel）卡文迪什广场5号提供场地及帮助；最后特别感谢琼·马莱（Jaon Mallett）和伊奥阿尼斯·帕格尼斯（Ioannis Pagonis）。

后记

在多年撰写美妆类文章、指导化妆和时装片拍摄，以及与众多有天赋的化妆师合作之后，我决定放下手中的笔，重新拿起腮红刷，在化妆事业上再贡献一点力量。这就是我来到AOFM，以化妆师的身份为学生做培训的原因。这已经是好几年前的事了。如今我再次拿起手中的笔，胡乱地记录我所想，为本书提供了一些有用的批注和修正，并写下最后这些话。

化妆师对我来说就是一个奇迹。多年来，我看着他们将模特、生活中的女性和明星变成艺术品。这总是会也必将一直会让我感到吃惊——美妆产品竟有如此巨大的能量。它们能让人立刻产生自信，掩盖所有的罪恶，凸显美，还能帮助你完成独具一格、令人屏息的作品。

这本书讲述了如何通过富有创意的思考、能力和决心成为一位化妆师，而当想象力被解放，美便会诞生于此。

所以，虽然我的一只手拿回了笔，另一只手还是会一直握着腮红刷的。

萨拉－简·科菲尔德－史密斯

（ Sarah-Jane Corfield-Smith ）

生活方式记者

编者注

本书涉及很多化妆产品、发型产品和服饰的品牌，为了方便读者查找，我们在正文中保留了产品的英文名称。在"资源和赞助商"一章中，中国大陆地区有销售的品牌则增加了中文名称注释，以方便读者对照。

摄影：卡米尔・桑松
化妆：兰・阮（使用产品为MAC、Swarovski）
珠宝为Louis Mariette